Design and Case Study of
Lithium Energy Storage Products

锂电储能

产品设计及案例详解

房海明 编著

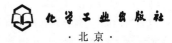

化学工业出版社

·北京·

内容简介

本书分为储能理论和储能产品设计及案例两个部分。其中，储能理论重点包括锂离子电池概述、锂电储能产品及分类、锂离子电池材料。储能产品设计及案例部分主要讲解了锂离子电池的 PACK、BMS 电池管理系统和逆变器，户外便携式储能产品、户用储能产品、汽车应急启动电源和工商业储能产品的设计方法及案例以及锂离子电池常见故障维修和养护。

本书结合作者多年从事新能源储能行业的经验，以储能产品开发中经常遇到的常见问题为依据，循序渐进地对储能产品进行了深入浅出的阐述，图文并茂，内容详尽，实例丰富，具有很强的实用性和参考性。

本书适合从事储能产品研发的工程技术人员参考使用，也可作为高等院校相关专业广大师生的参考用书。

图书在版编目（CIP）数据

锂电储能产品设计及案例详解／房海明编著.

北京：化学工业出版社，2024. 10. -- ISBN 978-7-122-46115-5

I. TM912

中国国家版本馆 CIP 数据核字第 2024M50K06 号

责任编辑：周　红　　　　　　　　文字编辑：郑云海
责任校对：王　静　　　　　　　　装帧设计：王晓宇

出版发行：化学工业出版社
　　　　　（北京市东城区青年湖南街 13 号　邮政编码 100011）
印　　刷：北京云浩印刷有限责任公司
装　　订：三河市振勇印装有限公司
710mm×1000mm　1/16　印张 16　字数 311 千字
2024 年 10 月北京第 1 版第 1 次印刷

购书咨询：010-64518888　　　　　售后服务：010-64518899
网　　址：http://www.cip.com.cn
凡购买本书，如有缺损质量问题，本社销售中心负责调换。

定　价：99.00 元

前言

在化石能源日渐枯竭、气候变暖和环境恶化的多重压力下，一场以清洁低碳为目标的能源革命已在全球范围内悄然兴起。

随着可再生能源的快速发展，储能技术在能源系统中的作用越来越重要。锂电池储能作为一种高效、可靠、环保的储能方式，已经成为当前储能领域的研究热点之一。本书旨在介绍锂电池储能的基本原理、设计方法以及实际应用案例，帮助读者深入了解和掌握锂电池储能技术。

为此，笔者有针对性地编写了本书，以帮助学习储能方面专业知识的读者提高其技术水平，对高等院校师生、科研院所研究人员等也具有非常实用的参考价值。

本书共分为10章，第1章为锂离子电池概述，第2章详细介绍了锂电储能产品及分类，第3章重点讲解了锂离子电池材料，第4章阐述了锂离子电池的PACK，第5章介绍了BMS电池管理系统和逆变器，第6章探讨了户外便携式储能产品设计方法及案例，第7章分享了多个典型的家庭储能产品设计方法及案例，第8章介绍了汽车应急启动电源设计方法及案例，第9章介绍了工商业储能产品设计方法及案例，第10章介绍了锂离子电池常见故障维修和养护。

本书由房海明编著，崔盼晴、郭云平、秦俊光、徐坚、刘敏、邹佳皓为本书编写提供了帮助，本书同时还得到了国内外专家学者和同行的鼎力支持，在此一并表示衷心的感谢。

由于编者水平有限，在编写过程中难免存在疏漏和不妥之处，恳请广大读者多提宝贵意见，以帮助本书不断改进和完善。作者的电子邮箱：mark0819@126.com。

编著者
2024年5月于深圳

目录

第1章
锂离子电池概述

1.1　锂离子电池电化学原理

1.1.1　化学原理

(1) 锂离子电池的含义

锂离子电池是一种二次电池（充电电池），它主要依靠锂离子在正极和负极之间移动来工作。在充放电过程中，Li^+ 在两个电极之间往返嵌入和脱嵌：充电时，Li^+ 从正极脱嵌，经过电解质嵌入负极，负极处于富锂状态，放电时则相反。

(2) 锂离子电池的工作原理

锂离子电池分别用两个能可逆地嵌入、脱嵌锂离子的化合物作为正负极。这也就表明锂离子电池中锂永远是以锂离子的形态出现，不会以金属锂的形态出现。各种类型的锂离子电池如图 1.1 所示。

(3) 锂离子电池的充电过程

锂离子电池充电时，在电池的正极产生锂离子，锂离子经电解液运送到负极；碳构成的负极自然形成许多小孔，而抵达负极的锂离子被包裹在炭层微小的孔中，包裹锂子越多就会具有更大的充电能力。图 1.2 所示为锂离子电池的充电电路。

图 1.1　各种类型的锂离子电池

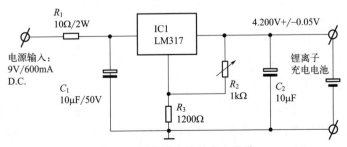

图 1.2　锂离子电池的充电电路

（4）锂离子电池的放电过程

当对锂离子电池进行放电时，负极碳层内埋藏的锂离子将脱离并且回到正极，脱离后的锂离子多，则电池的电流越高，电容量也就越大。如图 1.3 所示为锂离子电池的放电电路。

这里以钴酸锂为正极材料、石墨为负极材料为例来介绍锂离子电池的化学原理。在充电过程中，锂离子从正极中脱出，然后嵌入到负极石墨材料中，形成锂离子的石墨嵌入化合物，而在放电过程中，锂离子从石墨嵌入化合物中脱出，重新嵌入到正极材料中。锂离子电池充放电时，相当于锂离子在正极和负极之间来回运动，因此锂离子电池最初被形象地称为"摇椅式电池"。如图 1.4 所示为锂离子电池反应原理。

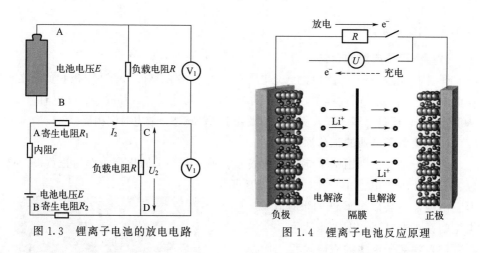

图 1.3 锂离子电池的放电电路　　　　图 1.4 锂离子电池反应原理

锂离子电池在充放电时，正负极材料的化合价会发生变化。在常温常压下发生总的氧化还原反应如下。

放电过程中的电极反应为：

$$Li_{1-x}CoO_2 + Li_xC_6 \underset{\text{放电}}{\overset{\text{充电}}{\rightleftharpoons}} LiCoO_2 + 6C$$

正极（还原反应，得电子）：

$$Li_{1-x}CoO_2 + xLi^+ + xe^- \longrightarrow LiCoO_2$$

负极（氧化反应，失电子）：

$$Li_xO_6 \longrightarrow 6C + xLi^+ + xe^-$$

充电过程中的电极反应与上述反应过程相反。

因此，当采用钴酸锂为正极材料和石墨为负极材料时，上述氧化还原反应具有良好的可逆性，锂离子电池循环性能优异。由于石墨嵌锂化合物密度低，锂离子电池质量比能量高，氧化还原电对 Li^+/Li 的电位在金属电对中最低，锂离子电池的工作电压和比能量高。

由反应式可以看出，理论上锂离子电池的正负极活性物质分别为 $LiCoO_2$ 和 Li_xC_6，但是由于 $Li_{1-x}CoO_2$ 和 LiC_6 制备过程复杂，且在空气中不稳定，难以直接制造电池，因此，人们通常采用放电反应式的生成物钴酸锂和石墨作为正负极原材料装配成电池，此时电池处于没有电的状态，只有充电以后上述两种材料转化为活性物质才能自发放电，向外界提供电能。

1.1.2　电池结构及分类

锂离子电池通常包含正极、负极、隔膜、电解液和壳体等几个部分。正负极通常采用一定孔隙的多孔电极，由集流体和粉体涂覆层构成。负极极片由铜箔和负极粉体涂覆层构成，正极极片由铝箔和正极粉体涂覆层构成，正负极粉体涂覆层由活性物质粉体、导电剂、黏结剂及其他助剂构成。活性物质粉体间和粉体颗粒内部存在的孔隙可以增加电极的有效反应面积，降低电化学极化。同时由于电极反应发生在固液两相界面上，多孔电极有助于减少锂离子电池充电过程中枝晶的生成，有效防止内短路。

锂离子电池的分类方法有很多，可以按外形、壳体材料、正负极材料、电解液和用途等进行分类，按外形分为扣式电池、圆柱形电池和方形电池三种，按电解液分为液体电解质电池、凝胶电解质电池和聚合物电解质电池三种，按正负极材料分为磷酸铁锂电池、三元材料电池和钛酸锂电池等多种，按壳体材料分为钢壳电池、铝壳电池和软包装电池等多种，按用途分为 3C 电池和动力电池等多种。

（1）按照外形分

常见的锂离子电池按照外形分为扣式电池、方形电池和圆柱形电池三种。

① 扣式电池包括圆形正极片、负极片、隔膜、不锈钢壳体、盖板和密封圈几部分，其中正负极片通常是集流体单面涂覆，两者之间由隔膜隔开，壳体内加有电解液，密封圈在密封的同时还将壳体与盖板绝缘，壳体和盖板可以直接作正负极引出引脚。如图 1.5 所示为扣式电池。

图 1.5　扣式电池

② 方形电池和圆柱形电池的正负极极片集流体采用双面涂覆。方形电池按照正极隔膜负极顺序排列，采用叠片或卷绕工艺装配成矩形电芯，然后封装入方形的铝壳或不锈钢壳体、铝塑复合膜软包装壳体中。其中将软包装作为壳体时，正极极耳和负极极耳直接引出作为正负极引出引脚。如图 1.6 所示为方形软包电池。如图 1.7 所示为方形铝壳电池。

③ 圆柱形电池正负极极片采用卷绕工艺装配成圆柱形电芯，一般封装于圆柱形金属壳体内。如图 1.8、图 1.9 所示为圆柱形电池。

图 1.6 方形软包电池

图 1.7 方形铝壳电池

图 1.8 圆柱形电池（一）

图 1.9 圆柱形电池（二）

方形电池型号通常用厚度＋宽度＋长度表示，如型号"485098"中 48 表示厚度为 48mm，50 表示宽度为 50mm，98 表示长度为 98mm；圆柱形电池通常用直径＋长度＋0 表示，如型号"18650"中 18 表示直径为 18mm，65 表示长度为 65mm，0 表示为圆柱形电池。

（2）按电解质材料来分

① 液态锂离子电池（Lithium Ion Battery，LIB）。

② 锂聚合物电池（Li-polymer battery，LIP）。

锂聚合物电池所用的正负极材料与液态锂都是相同的，电池的工作原理也基本一致，它们的主要区别在于电解质不同。液态锂离子电池使用的是液体电解质，而锂聚合物电池以固体聚合物电解质来代替，这种聚合物可以是"干态"的，也可以是"胶态"的。

锂聚合物电池（又称高分子锂离子电池）是电池行业中技术含量高，以钴酸锂材料为正极、碳材料为负极，电解质采用固态或凝胶态有机导电膜，并采用铝塑膜做外包装的新一代可充电锂离子电池。

锂聚合物电池分类：

a. 固体聚合物电解质锂离子电池。电解质为聚合物与盐的混合物，这种电池在常温下的离子电导率低，适于高温使用。

b. 凝胶聚合物电解质锂离子电池。即在固体聚合物电解质中加入增塑剂等添加剂，从而提高离子电导率，使电池可在常温下使用。

c. 聚合物正极材料的锂离子电池。采用导电聚合物作为正极材料，其比容量相对增加，是新一代的锂离子电池。它不仅具有液态锂离子电池的高电压、长循环寿命、放电电压平稳以及清洁无污染等特点，还具有更高的能量密度；同时外形更灵活、方便，重量轻巧；产品性能均达到或超过液态锂离子的技术指标，更具有安全性。

在形状上，锂聚合物电池具有超薄化特征，可以配合各种产品的需要，制作成任何形状与容量的电池。该类电池的最小厚度可达 0.5mm。

锂聚合物电池原理如图 1.10 所示。

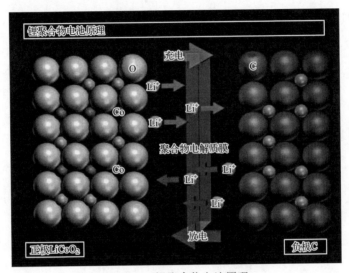

图 1.10　锂聚合物电池原理

相对于锂离子电池，锂聚合物电池的特点如下。

① 无电池漏液问题，其电池内部不含液态电解液，使用胶态的固体。

② 可制成薄型电池，以 3.6V 400mAh 的容量为例，其厚度可薄至 0.5mm。

③ 电池可设计成多种形状。

④ 电池可弯曲变形：高分子电池最大可弯曲 90°左右。

⑤ 可制成单颗高电压：液态电解质的电池仅能以数颗电池串联得到高电压，而高分子电池由于本身无液体，可在单颗内做成多层组合来达到高电压。

⑥ 容量将比同样大小的锂离子电池高出 20%。

（3）按充电方式来分

① 不可充电的锂离子电池。不可充电的电池称为一次性锂离子电池，它只能将化学能一次性地转化为电能，不能将电能还原回化学能（或者还原性能极差）。

不可充电的锂离子电池分类：

a. 锂-二氧化锰电池——简称锂锰电池。

b. 锂-亚硫酰氯电池——简称锂亚电池。

c. 锂和其他化合物电池。

② 可充电的锂离子电池。可充电的电池称为二次性电池（也称为蓄电池）。它能将电能转变成化学能储存起来，在使用时，再将化学能转换成电能，它是可逆的。

1.2 锂离子电池原材料及制造

1.2.1 锂离子电池主要原材料

锂离子电池原材料主要有正极材料、负极材料、电解液和隔膜四种。

正负极材料通常为微米级粉体材料。已经商业化的正极材料有钴酸锂（$LiCoO_2$）、锰酸锂（$LiMn_2O_4$）、三元材料（$LiNi_xMn_yCo_zO_2$）和磷酸铁锂（$LiFePO_4$）等，其中 $LiCoO_2$ 主要用于 3C 电池领域。如图 1.11 所示为锂离子电池的原材料。

锰酸锂　　　　　　　三元材料

图 1.11　锂离子电池的原材料

目前负极材料有石墨材料、硬炭材料、软炭材料、钛酸锂、Si 基材料和 Sn 基材料，其中石墨负极材料应用最广。如图 1.12 所示为石墨负极材料。

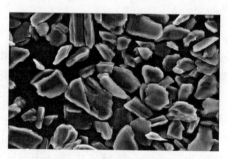

图 1.12　石墨负极材料

电解液通常为液体电解质和凝胶电解质，常用的锂盐为六氟磷酸锂（$LiPF_6$），有机溶剂为碳酸乙烯酯（EC）、碳酸二甲酯（DMC）、碳酸二乙酯（DEC）和碳酸甲乙酯（EMC）等的混合液。

隔膜通常为聚乙烯（PE）单层多孔膜、聚丙烯（PP）单层多孔膜和 PP/

PE/PP 三层多孔膜。电池壳体材料为铝塑复合膜、铝壳体和不锈钢壳体。辅助材料包括导电剂、黏结剂和集流体等。导电剂为炭黑、气相生长碳纤维（VGCF）和碳纳米管等；黏结剂有聚偏氟乙烯（PVDF）和丁苯橡胶（SBR）等，其中 PVDF 可用于正极和负极，SBR 通常用于负极。正极集流体为铝箔，正极极耳为铝片；负极集流体为铜箔，负极极耳为镍片。如图 1.13 所示为圆柱形电池内部结构。

图 1.13　圆柱形电池内部结构

1.2.2　锂离子电池制造工艺

锂离子电池制造工艺通常包括极片制备、电芯装配、注液、化成和分容分选等主要过程。以方形铝壳锂离子电池为例介绍制备生产工艺流程。极片的制备首先是将正负极活性粉体材料、黏结剂、溶剂和导电剂混合，经过搅拌分散使各组分分散均匀制得浆料，然后将浆料均匀涂于集流体上并烘干，再将极片经过辊压、分切制得所需尺寸的正负极极片。装配过程包括在正负极片上焊接上正负极极耳，再与隔膜一起卷绕或叠片制成电芯，然后将电芯封装入方形的铝壳体或不锈钢壳体或铝塑复合膜软包装壳体中。注液、化成和老化过程是将装配好的电池经过烘干后注入电解液，然后将注液后的电池充电进行化成，最后在一定温度的环境中储存一段时间进行老化。分容分选是对电池进行测试，按电池容量、内阻、厚度、电压等指标分成不同等级产品，最后进行包装和出厂。如图 1.14 所示为聚合物锂离子电池生产流程。

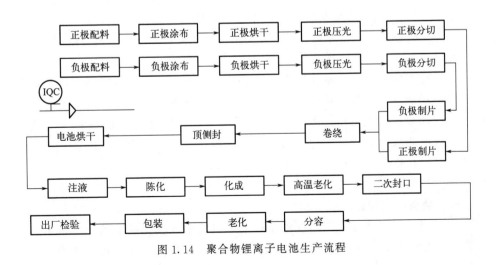

图 1.14　聚合物锂离子电池生产流程

1.3 锂离子电池性能

1.3.1 电化学性能

(1) 电池的电动势

电池电动势是指单位正电荷从电池的负极到正极由非静电力所做的功，其数值也可以描述为电池内各相界面上电势差的代数和。任何两种不同的导电物质接触，在其相界面上都要产生电势差。电池的电动势可定义为通过电池的电流趋于零时，两极间电位差（或称电势差）的极限值。

(2) 电池的内阻

电池的内阻是指电池在工作时，电流流过电池内部所受到的阻力。它包括欧姆内阻和极化内阻两种，极化内阻又包括电化学极化内阻和浓差极化内阻两种。

欧姆内阻主要是由电极材料、电解液、隔膜电阻及各部分零件的接触电阻组成，与电池的尺寸、结构、装配等有关。

极化内阻是指电化学反应时由极化引起的电阻，包括电化学极化和浓差极化引起的电阻。

不同类型的电池内阻不同。相同类型的电池，由于内部化学特性的不一致，内阻也不一样。电池的内阻很小，我们一般用 $m\Omega$ 为单位。内阻是衡量电池性能的一个重要技术指标。正常情况下，内阻小的电池的放电能力强，内阻大的电池放电能力弱。

(3) 电池的电压

开路电压是指外电路没有电流流过时正负电极之间的电位差（U_{oc}），一般开路电压小于电池电动势，但通常情况下可以用开路电压近似替代电池的电动势。工作电压（U_{cc}）又称放电电压或负荷电压，是指有电流通过外电路时，电池正负电极之间的电位差。当电流流过电池内部时，需要克服电池内阻的阻力。因此工作电压总是低于开路电压。

电池的工作电压与放电制度有关，当恒流放电时工作电压不断下降，降低到允许的最低电压时放电终止，该电压是基于电池安全性和循环寿命的考虑设定的，称为放电终止电压。电池工作电压随放电时间变化的曲线称为放电曲线。在放电曲线中，电压变化相对平稳的阶段称为电压平台。充电过程中电压逐渐升高，存在充电终止电压和充电电压平台。如图 1.15 所示为电池充放电曲线。

(4) 容量和比容量

① 电池容量是指在一定的放电条件下可以从电池获得的电量，电量单位一般为 Ah 或 mAh，分为理论容量、额定容量和实际容量三种。其中理论容量是

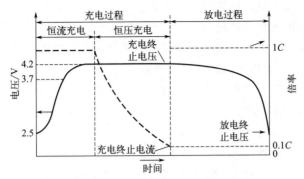

图 1.15　电池充放电曲线

指电池正负电极中的活性物质全部参加氧化还原反应形成电流时，根据法拉第电解定律计算得到的电量。

实际容量是指在一定的放电条件下，实际从电池获得的电量。电池的实际容量总是低于理论容量。

锂离子电池实际容量的测试方法：通常是在 20℃±5℃ 环境温度中，先以 1C 恒流充电至 4.2V，再以 4.2V 恒压充电至终止电流充满电；然后以 1C 恒流放电至 2.75V，测得放电实际容量。

额定容量是在设计和制造电池时，电池在一定放电条件下规定应该放出的最低容量。电池的实际容量通常高于额定容量。

② 比容量是指单位质量或单位体积电池所获得的容量，分别称为质量比容量（C_m）或体积比容量（C_v）。电池制备时，通常某一电极活性物质是过剩的，因此电池实际容量是由含有活性物质较少的电极决定的。为防止析出枝晶，锂离子电池中负极容量通常是过剩的，实际容量由正极容量来决定。电极中单位质量或单位体积活性物质所获得的电量，称为活性物质的质量比容量或体积比容量，可用来对比不同活性物质的容量大小。

（5）电池的时率和倍率

当电池恒流充放电时，电流的大小通常用时率或倍率表示。时率是指以一定的放电电流放完电池额定容量所需的时间（h）。例如，额定容量为 10Ah 的电池以 10A 电流进行放电，则时率为 10Ah/10A＝1h，称 1 倍率放电；以 2A 电流进行放电，则时率为 10Ah/2A＝5h，称 5 倍率放电。

倍率指电池在放电时放电电流与额定容量的比值，倍率通常采用 C 表示。例如，额定容量为 10Ah 的电池以 10A 电流进行放电，则倍率为 10A/10Ah＝1C；以 5A 电流进行放电，则倍率为 5A/10Ah＝0.2C。时率与倍率在数值上呈现倒数关系。

在电池充放电时，基于安全和循环寿命考虑，电池存在最大的充电电流和放电电流。而在电池恒压充电时，电池的电流不断降低，当电流降低到足够小时，充电过程终止，这个电流称为终止电流。

(6) 电池的能量和比能量

电池在一定条件下对外做功所能输出的电能叫作电池的能量，单位一般用瓦时（Wh）表示，分为理论能量和实际能量两种。

理论能量是在放电过程处于平衡状态、放电电压保持电动势数值，且活性物质利用率为100％的条件下电池所获得的能量，即可逆电池在恒温恒压下所做的最大非膨胀功；实际能量是电池放电时实际获得的能量。

当锂离子电池标称电压为3.7V，容量为2600mAh时，电池的实际能量为3.7V × 2.6Ah ＝ 9.62Wh，单位换算为焦耳（1W ＝ 1J/s）时的实际能量为34632J。

比能量也称能量密度，是指单位质量或单位体积电池所获得的能量，称为质量比能量或体积比能量。理论质量比能量根据正、负两极活性物质的理论质量比容量和电池的电动势计算。实际比能量是电池实际输出的能量与电池质量（或体积）之比。

现有的锂离子电池负极材料多以石墨为主，石墨的理论克容量为372mAh/g。正极材料磷酸铁锂理论克容量只有160mAh/g，而三元材料镍钴锰（NCM）约为200mAh/g。

系统能量密度是指单体组合完成后的整个电池系统的电量比整个电池系统的重量或体积。因为电池系统内部包含的电池管理系统、热管理系统、高低压回路等占据了电池系统的部分重量和内部空间，因此电池系统的能量密度都比单体能量密度低。

(7) 储能性能

电池在开路状态下，在一定温度和湿度等条件下储存过程中，电池的容量和电压等性能会随着时间发生变化。一般情况下，随着储存时间的延长，电池的容量和电压都会逐渐减小。对储存后的电池进行再次充放电，电池容量回升的部分就是可恢复的容量，其余就是不可逆的容量。储存性能和储存寿命有关，储存性能越好，储存寿命越长。

(8) 电池的寿命

锂离子电池是人们生活中常用的电池种类，现在在电动汽车上也有很多的应用，锂离子电池在使用一段时间之后容量会缩减，这是锂离子电池的一个不足。锂离子电池生命循环次数是根据电池质量和电池材料来定，锂离子电池的循环次数和电池的使用寿命之间是密不可分的联系。每完成一个循环电池容量就会减少一点，电池的使用寿命也会减少。

锂离子电池的寿命包括使用寿命、充放电寿命和储存寿命三种。在一定的放电制度下，锂离子电池经历一次充放电，称为一个周期。充放电寿命为在电池容量降至规定值（常以初始容量的百分数表示，一般规定为60％）之前可反复充放电的总次数。使用寿命为电池容量降至规定值之前反复充放电过程中累积的可放电时间之和。循环寿命是指在一定的充放电制度下，电池容量降低到某一规定值之前，电池能经受多少次充电与放电。而储存寿命是指在不工作状态下，电池容量降至规定值的时间。锂离子电池常用的寿命为充放电寿命。

1.3.2　锂离子电池安全性能

锂离子电池在使用过程中不可避免地存在各种使用不当的情况，根据电池不同的使用情况制定了许多安全标准和测试方法，以保证电池在电化学作用、机械作用、热作用和环境作用等条件下的安全性能。

① 电化学作用包括过充电、过放电、外部短路和强制放电等。如过充电测试方法和标准：将电池放完电后，先恒流充电至试验电压（4.8V），再恒压充电一段时间，要求电池不起火、不爆炸。短路测试方法和标准：电池完全充满电后，将电池放置在恒温（20℃±5℃）环境中，用导线连接电池正负极端，短接一定时间（24h），要求电池不起火、不爆炸，最高温度不超过规定值（150℃）。

② 机械作用包括跌落、冲击、钉刺、挤压、振动和加速等。如针刺测试方法和标准：用耐高温钢针以一定速度（10~40mm/s），从垂直于电池表面方向贯穿，要求电池不爆炸、不起火。振动测试方法和标准：将电池充满电后，将电池紧固在振动试验台上，进行振动测试（正弦测试：每个方向进行 12 个循环，各方向循环时间共计 3h 的振动），电池不起火、不爆炸、不漏液。

③ 热作用包括焚烧、沙浴、热板、热冲击、油浴和微波加热等。例如，热安全测试方法和标准：将电池充满电后放入试验箱中，试验箱以一定温升速率（5℃/min）升温到一定温度（130℃）后恒温一定时间（30min），要求电池不起火、不爆炸。

④ 环境作用包括减低气体压力、浸没于不同液体中、处于不同高度和处于多菌环境等。例如，低气压测试方法和标准：将电池充满电后，放置于恒温（20℃±5℃）真空箱中，抽真空将压强降至一定压强（11.6kPa），并保持一定时间（6h），要求电池不起火、不爆炸、不漏液。

1.4　锂离子电池的应用领域

随着科技的迅速发展，电子智能设备日益增多，伴随着能源短缺和环保问题的严峻，人们对电池有了更高的要求。近年来锂离子电池技术的高速发展使其更具有优势，它现在广泛应用于各个领域，如交通、医疗、军事、储能等。

(1) 电动汽车

随着我国汽车保有量逐渐增多，大气污染日益严重，已经到了必须加以控制和治理的程度，特别是在一些大中城市情况变得更加严重。在此背景下，新一代的锂离子电池因其无污染、少污染、能源多样化的特征在电动汽车行业得到了大力发展和应用。如图 1.16 所示为新能源电动汽车。

图 1.16　新能源电动汽车

（2）二轮、三轮电动车

目前我国的电动车大部分还是采用铅酸电池作为动力。铅酸电池除了很重以外，废旧之后还会带来环境污染。如果采用锂离子电池，电池的重量会明显减轻，而且相对环保。所以，锂离子电池代替电动车的铅酸电池是必然趋势，这样电动车更加轻快、便捷、安全，将会受到越来越多的欢迎。如图 1.17 所示为二轮电动车。

图 1.17　二轮电动车

（3）公共交通

在能源危机和环保压力日益加剧的今天，绿色公共交通将成为趋势。公交车从之前的燃油车变为现在的纯电动车，减少了废气的排放，是一项比较环保的出行方式。轨道交通作为新型交通工具，有更高的效率和环保性，都离不开锂离子电池的应用。如图 1.18 所示为新能源电动大巴。

图 1.18 新能源电动大巴

（4）电子产品领域的应用

近年来，我国锂离子电池产业保持高速增长，体系品种日趋齐全，产品质量持续提升，应用领域不断拓展。在广泛应用于消费类电子产品、新能源汽车、电动工具、储能装置的同时，工业智能化、军事信息化、民用便利化以及互联网、物联网、智能城市的快速发展也推动锂离子电池市场规模不断扩大。如图 1.19 所示为使用锂离子电池的无线蓝牙耳机。

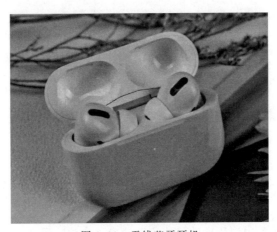

图 1.19 无线蓝牙耳机

（5）储能领域的应用

发电侧储能应用重点包括光储电站、风储电站、AGC 调频电站，用户侧储能重点包括光储充电站、户用储能、备用电源等；电网储能以变电站储能、虚拟发电厂、调峰/调频等场景为主。

储能锂离子电池对于能量密度没有直接的要求，但是不同的储能场景对于储能锂离子电池的功率密度有不同的要求。应用电力储能领域的锂离子电池需要电池具备安全、长寿命、能量转换效率高等性能。如图 1.20 所示为发电侧储能。

图 1.20　发电侧储能

(6) 军事领域的应用

在信息化战争的背景下,越来越多的数字化武器在现代战争中崭露头角,军用能源关乎军队的战斗力,关乎国家的安全大局。锂离子电池目前广泛应用于军事领域,如野外供电、无人设备、单兵电源、高能武器电源等,成为军队作战中不可或缺的能量来源,在其中发挥了不可替代的作用。如图 1.21 所示为储能技术在军工领域中的应用。

图 1.21　储能技术在军工领域中的应用

(7) 航空领域的应用

民用飞机大量采用镍镉电池,相比于锂离子电池,具有体积大、重量大、蓄电量和放电电流不足、充电慢等缺点。随着锂离子电池技术的成熟和性能的提高,高性能大容量锂离子电池将进一步满足新一代多用电民用飞机的电能需求,减轻飞机的重量,推动各民机制造商逐步将其用于飞机应急照明、驾驶舱语音记录仪、飞行数据记录仪、记录仪独立电源、备用或应急电源、主电源和辅助动力装置电源等机载系统。随着新材料的不断出现,锂离子电池技术将继续发展和成熟,凭借其优越的性能,大容量高功率锂离子电池在航空领域将拥有更广阔的应用前景。如图 1.22 所示为电动飞机。

(8) 医疗领域的应用

在医疗领域，需要供电的医疗设备越来越便携，可以随时随地携带从而进行救护，这归功于如锂离子电池等技术的应用和发展。便携式家用仪器和移动式监控设备的普及，使病人可以待在喜欢的地方。如图 1.23 所示为带锂离子电池的监护设备。

图 1.22　电动飞机

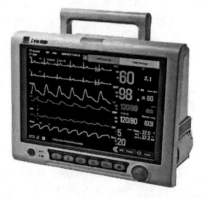

图 1.23　带锂离子电池的监护设备

1.5　锂离子电池的发展前景和挑战

1.5.1　锂离子电池的发展前景

(1) 动力型锂离子电池市场需求

随着全球电动化进程的推进，得益于新能源电动汽车市场的扩大，动力电池作为其重要组成部分，需求亦不断扩大。

目前，随着全球各国家和地区陆续制定明确的新能源汽车发展目标，为应对新能源汽车市场对锂离子电池需求的快速增长，全球主流锂离子电池企业扩产意愿明确，如宁德时代、中创新航、蜂巢能源等均制定了相应的扩张计划。未来几年，随着新能源汽车发展长效机制进一步成熟与相关支持政策出台，新能源汽车市场需求将迎来新一轮爆发期。同时，国家提出的碳达峰、碳中和战略目标将是新能源补贴政策完全退出后新能源汽车产业的长期驱动力。可以预见，受益于新能源汽车的不断增长和动力电池企业的持续扩产，未来动力电池企业对锂离子电池设备的需求量将进一步增加。

(2) 消费型锂离子电池市场需求

近年来，随着我国经济的快速发展以及居民消费能力的持续提升，我国 3C 数码类、电动工具类和小动力类产品需求量不断扩大，为消费型锂离子电池市场发展奠定了坚实的应用基础。在可穿戴设备、无人机、服务机器人、电动工具等新兴市场快速增长背景下，消费型锂离子电池需求呈较快增长态势。

在5G及人工智能高速发展的推动下，万物互联将是未来的重要趋势，由于手机操作系统和交互上的局限性，笔记本电脑将会扮演更加重要的角色。同时，云服务逐渐普及，云端承担更多的计算功能，笔记本电脑向着更加轻薄化、智能化、专业化的方向发展。

随着居家办公以及在线教育常态化，全球笔记本电脑出货量实现了新的增长。

与此同时，在智能手机进入存量市场阶段、出货量逐年下滑的背景下，作为互联网和物联网深度融合重要体现的可穿戴设备，其需求正在随着居民收入水平的提高而不断增加，成为锂离子电池需求新兴市场。受益于印度市场的优异表现以及基础手表的推动，全球智能可穿戴腕带设备呈增长趋势。

此外，在小动力电池方面，电动自行车正逐步用锂离子电池替代原有的铅酸蓄电池实现电助动或电驱动功能，是除新能源汽车外重要的动力锂离子电池需求市场。目前，电动自行车作为重要的短途交通工具，已渗透到消费者个人出行、即时配送、共享出行等诸多领域。

（3）储能锂离子电池需求市场

自2016年"发展储能与分布式能源"被列入"十三五"规划百大工程项目以来，国家政府在一系列重大发展战略和规划中，均明确提出加快发展高效储能、先进储能技术创新、积极推进储能技术研发应用、攻克储能关键技术等任务和目标。储能电池作为储能系统的核心环节，未来受益于下游市场的高景气度，市场容量将有望持续快速扩大。目前，涉铅污染及环保治理趋严，同时锂离子电池成本不断下降，已逐渐靠近储能系统应用的经济性拐点。储能领域锂离子电池替代铅酸电池趋势已经日益明显，大容量锂离子电池陆续在不间断电源、电网储能等多个领域被广泛应用。

近年来，在风电、光伏装机量持续增长与5G基站建设加快的背景下，储能锂离子电池需求快速增长。2021年，在电力与通信储能市场推动的同时，加上全球化石能源价格上涨、储能参与电力市场收益性提升和国内新型储能示范项目快速上马等因素驱动，中国储能型锂离子电池需求继续保持高增长，研究机构EVTank、伊维经济研究院联合中国电池产业研究院共同发布了《中国储能电池行业发展白皮书（2023年）》。白皮书统计数据显示，2023年上半年，全球储能电池出货量达到110.2GWh，同比增长73.4%，其中中国储能电池出货量为101.4GWh，占全球储能电池出货量的92%。如图1.24所示为2019—2023年全球储能电池出货量（2023年H1表示截止到2023年上半年）。

在全球能源形势日益紧张、越来越多国家和地区作出碳中和承诺的背景下，"新能源＋储能"作为能有效缓解可再生能源的间歇性和不稳定性，进一步提高

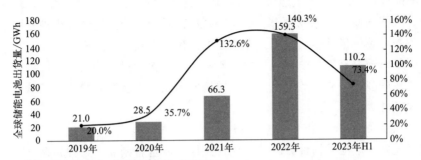

数据来源：EVTank，伊维智库整理，2023.08
注：储能电池定义为用于电力储能、工商业储能、家庭储能、基站储能、数据中心、便携式储能等领域的锂离子电池

图 1.24　2019—2023 年全球储能电池出货量

可再生能源并网规模、保障电网安全、提高能源利用效率、实现能源可持续发展的方案受到关注，成为提高可再生能源发电规模，实现全球能源转型的关键支撑。根据中关村储能产业技术联盟数据显示，近年来全球已投运储能项目累计装机规模不断增长。近年来，全球能源供需格局进入调整阶段，低碳环保理念被越来越多的国家接受，全球储能市场迎来增长。

我国储能产业政策共发布储能相关重点政策高达 50 余项，各省、自治区、直辖市发布的储能相关政策也达 80 项之多。

储能政策的常态化落地预示着"元年"的到来，"十四五"时期将成为储能探索和实现市场"刚需"应用的重要时期，市场将呈现稳步、快速增长的趋势。

1.5.2　锂离子电池产业面临的挑战

当前我国锂电产业无论在产业规模，产业市场及产业技术上均处于世界领先水平。与过去相比，我国锂电已经在技术方面取得了不少的突破，但是仍面临着挑战，制约着进一步的发展。

（1）锂离子电池面临的挑战

① 锂资源的制约。全球锂资源储量丰富，但是供应增速缓慢，属于供不应求的状态。南美"锂三角"国家——阿根廷、玻利维亚和智利三国欲建立锂三角输出国组织，并且全球最大的锂矿生产国澳大利亚也表示，如果三国协商一致，澳大利亚也将同意价格协同的想法。这势必对未来锂资源供给产生影响，全球锂资源争夺战已经打响。

对于我国来说，虽然中国锂资源在全球排第六，但锂资源以盐湖为主，锂含量低，提取难度大，所以 70% 的锂依赖进口，作为新能源汽车消费第一大市场，锂资源缺乏将持续制约着我国锂电行业发展。

② 安全性的问题。除了锂资源的短缺，锂电池面临的第二大挑战就是安全性问题。近年来锂离子电池自燃、爆炸新闻层出不穷，当然有部分事件是由于使用操作不当导致，但就本质来说，锂离子电池确实存在一定风险。

锂离子电池容易发生电池热失控，通常的原因包括过充诱发电池正极材料产气使得电池胀裂，快充导致电池负极析锂诱发短路，以及快充快速升温从而使电解质液体燃烧。

③ 对温度的要求。锂离子电池常规的工作温度为 $-20\sim60℃$。

温度过低，电池的活性会减少，导致充放电能量急剧衰减，例如在 $-20℃$ 的时候，三元锂离子电池能够释放出来大约 70% 的电量，而磷酸铁锂电池大约能释放出来 50% 的电量。

温度过高有爆炸风险，当电池的环境温度超过 $60℃$ 时，锂离子电池在工作过程中存在过热、燃烧和爆炸的风险。

④ 技术层面的问题。现有锂离子电池能量密度已经接近理论极限。电池的能量密度与电池的原理有关，比如锂离子电池的能量密度跟反应电子束、活性物质的重量和密度都有关系。

（2）电池储能系统面临的挑战

电池储能系统是将储能电池、功率变换装置、本地控制器、配电系统、温度与消防安全系统等相关设备按照一定的应用需求而集成的较为复杂的综合电力单元。

其有以下特点。

① 电池储能系统内部设备间各自分工明确又相互关联，在高效、安全和长寿命的前提下，共同实现电池储能系统并网点或输出端口的能量、功率和电压控制。

② 电池储能系统中储能电池的安全性与寿命，很大程度地决定了整个系统的寿命和安全性，其对工作环境有着严苛的技术要求，是进行系统内部设计时必须关注的重点环节。

③ 储能电池、功率变换器装置以及消防、空调等设备，均各自配置有独立的控制器，实现自我运行和保护，系统功能的实现、设备间的联动与协同、启停与故障保护操作、对外通信与有效信息传递等，由本地控制器完成，使储能系统作为一个整体参与电网调度、实现项目的应用目标。

④ 电池储能系统中的功率变换装置是整个储能系统对外进行电力交换的关键节点，它的性能直接体现了电池储能系统的工作模式、响应速度、控制精度和并网友好性等。

⑤ 储能系统作为对外统一、对内自治的电力执行单元，接受上层能量管理系统调度，具备丰富的对外通信接口和灵活、多样化的工作模式，通过能量按需搬移、功率快速爬升、电压稳定控制等功能改善发电、电网、负荷等应用场景的

整体运行效果。

受限于电池本体容量及功率变换装置的发展水平，电池储能系统一直在安全高效与高能量密度、多样化、复杂功能间存在矛盾。特别是随着在新能源发电侧、电网侧的大规模应用，储能系统的整体容量与电压等级不断提高，通信架构愈发庞大，这些都对储能系统和集成技术提出了严峻的挑战：

① 如何全面掌握相关行业应用背景理论与技术、配置有效合理的储能系统容量和功率，如何采用针对性控制方案，实现与原有系统无缝衔接的同时，达成项目整体的应用目标。

② 如何依据项目应用技术特点，提出储能系统具体的技术参数、功能需求和性能指标，相应选择储能系统内部关键设备。

③ 如何在储能系统容量不断增加、电压等级逐渐提高的情况下，进行储能系统的电气设计，确保储能系统内部设备电气安全、分级保护和并网友好性。

④ 如何协同管理储能系统内部多样化设备，充分发挥各个设备功能与性能，确保储能系统整体性能的优化，避免不合理的集成方式导致的整体性能弱化。

⑤ 如何围绕电池的寿命与安全，进行储能系统内部环境控制设备及安全消防设备的选型、参数计算、安装布局，满足大容量高能量密度电池均温散热要求。

⑥ 如何基于现有的电气、消防等工程安装规范，完成储能系统内部设备的集成安装与调试，尽量减少现场操作、对电池组的频繁移动，避免不适宜的安装平台、接地方式导致储能系统防护等级的降低和带来的不稳定因素。

⑦ 如何将人工智能、区块链等先进技术应用于储能系统，以提高储能系统的智能化管理、故障早期预警、寿命预测等能力，改善用户对储能系统当前和未来的性能把握和运行预期。

第2章
锂电储能产品及分类

2.1 储能理论概述

2.1.1 储能的概念

能量是一切物质运动的动力之源，是人类社会赖以生存和发展的最基本的物质条件之一。能源存在于自然界并随着科学技术的发展而不断被开发利用。能源发展变迁的历史，也是人类不断认识、改造和创造世界的历史。能量存储能力的增强可以改善人类利用能源的方式，推动人类文明向前发展。

火的发现和利用是人类有意识地利用能源的开端，揭开了人类文明的序幕。人类通过钻木取火获得了生物质能，从此改善了生存条件，这贯穿了整个人类文明史。与此同时，人类在生产和生活中逐渐学会了使用风力和水力，并通过驯化动物获得了畜力，这些机械能的利用大大增强了人类改造自然的能力。此后，人类社会的能源利用经历了从薪柴时代到煤炭时代，到油气时代再到电气时代的演变，直接催生了前三次工业革命并引发了第四次工业革命，使大自然这个人类赖以生存的环境发生了深远的改变。

在能源开发利用的历史进程中，能源发展过程就是能量存储与利用能力不断改善的过程，遵循着从低密度到高密度、从低品质到高品质、从分散到集中的总方向。然而，在低碳发展与能源革命的大背景下，新能源得到了快速发展，我们相信，未来的能源结构是多元化的，以间歇性新能源为主体，新旧能源体系并存。储能是指通过特定的装置或物理介质将能量储存起来，以便在需要时释放使用的过程。

从广义上讲，储能即能量存储，是指通过一种介质或者设备，把一种能量形式用同一种或者转换成另一种能量形式存储起来，基于未来应用需要以特定能量形式释放出来的循环过程。

从狭义上讲，储能特指针对电能的存储，即利用化学或者物理的方法将产生的能量存储起来并在需要时释放的一系列技术和措施。

储能可以实现大量分布式、低密度和随机间歇性新能源的大规模聚集存储，即便能源生产方式是多元甚至离散的，但能源的使用依然是集中式、高密度和高品质的。未来的能源革命与能源转型能否遵循能源发展规律深化发展，在很大程度上依赖于储能技术的突破。

2.1.2　储能的分类

储能是解决可再生能源间歇性和不稳定性、提高常规电力系统和区域能源系统效率、安全性和经济性的迫切需要。

国内储能市场发展迅速，各类新技术迭出，共同促进储能行业持续发展。高压级联储能在大容量场景优势显著；新型电化学储能技术快速发展，钠离子电池储能、液流电池储能、氢储等产业化不断加速；新的物理储能技术层出不穷，光热储能、压缩空气储能、飞轮储能等示范项目逐步落地。

2.1.2.1　电化学储能

电化学储能是利用化学电池将电能储存起来并在需要时释放的储能技术及措施。全球电化学储能市场中，主要分为新能源＋储能、电源侧辅助服务、电网侧储能、分布式及微网、用户侧削峰填谷五类场景。

(1) 锂离子电池储能

锂离子电池储能材料体系以磷酸铁锂为主，电池向大容量方向持续演进。根据工信部要求，储能型电池能量密度≥145Wh/kg，电池组能量密度≥110Wh/kg。循环寿命≥5000 次且容量保持率≥80％。当前的电化学储能尤其是锂电储能技术进入了一个新变革周期，大电芯、高电压、水冷/液冷等新产品新技术逐渐登上舞台，储能系统向大容量方向持续演进。锂离子电池的内部结构如图 2.1 所示。

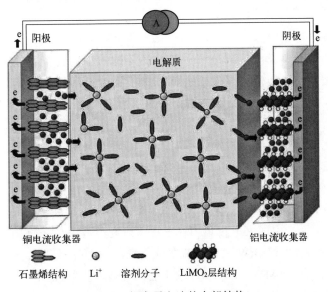

图 2.1　锂离子电池的内部结构

（2）钠离子电池储能

钠离子电池的主要构成为正极、负极、隔膜、电解液和集流体，其中正极和负极材料的结构和性能决定着整个电池的储钠性能。正负极之间通过隔膜隔开防止短路，电解液浸润正负极作为离子流通的介质，集流体起到收集和传输电子的作用。钠电池的内部结构如图 2.2 所示。

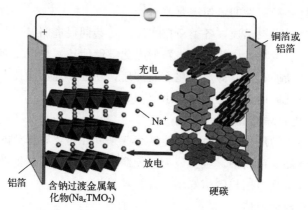

图 2.2　钠电池的内部结构

技术特点：成本低、安全性高、高低温性能较好，能量密度低、循环寿命低。

发展应用：主要应用于备用电源、两（三）轮车、电力系统调峰、调频、通信基站等。

关键技术：新型电极材料、高倍率硬碳、高电化学稳定电压电解质、干法电极工艺等。

（3）液流电池储能

液流电池是正负极电解液分开、各自循环的一种高性能蓄电池，具有容量高、使用领域广、循环使用寿命长的特点。根据电极活性物质的不同可分为铁铬、全钒、锌溴等几种，铁铬和全钒两种为目前主流商用方向。液流电池内部结构如图 2.3 所示。

根据电化学反应中活性物质的不同，水系/混合液流电池又分为铁铬液流电池、全钒液流电池、锌基液流电池、铁基液流电池等几种。

① 铁铬液流电池。铁铬液流电池是最早被提出的液流电池技术，初期由美国能源部支持，由美国国家航空航天局（NASA）科学家进行研究。

2019 年 11 月，由国家电投集团科学技术研究院有限公司（国家电投中央研究院）研发的首个 31.25kW 铁铬液流电池电堆（"容和一号"）成功下线。2020年 12 月，建成了 250MW/1.5MWh 液流电池光储示范项目。

铁铬液流电池在技术上仍存在一些问题，如：负极的析氢问题，降低了电池

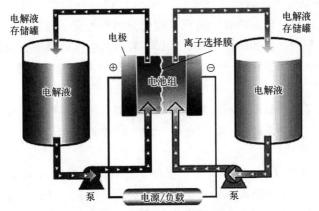

图 2.3　液流电池内部结构

的能量效率；正负极电解液的互串交叉污染，会降低电池容量和效率，导致所用离子传导膜需要高选择性，而目前进口全氟磺酸膜的成本较高；铬氧化还原性差，电池的最佳工作温度较高等。

② 全钒液流电池。是目前商业化程度最高和技术成熟度最强的液流电池技术。1978 年，意大利 Pellegri 等人第一次在专利中提及全钒液流电池。全钒液流电池是目前技术成熟度最高的液流电池技术，具有能量效率高（＞80％）、循环寿命长（＞20000 次循环）、功率密度高等特点，适用于大中型储能场景。然而，对于全钒液流电池来说，钒电解液成本约占据电池成本的 60％，大大提高了初始投资门槛。

③ 锌溴液流电池。最早由美国埃克森美孚公司（Exxon Mobil Corporation）发明。锌溴液流电池是除全钒液流电池以外商业化较为成功的液流电池技术。在国外的应用方面，早期锌溴液流电池由于其优秀的模块化设计、低成本、高安全特性，被更多地应用在用户侧提高供电稳定性方面，使用规模较小。近年来，可再生能源的快速发展使得锌溴液流电池在发电侧和电网侧开始被大规模应用。

④ 锌镍单液流电池。2007 年由防化研究所的程杰研究员、杨裕生院士开发，其同时结合锌镍二次电池与液流电池的优势。与锌溴单液流电池结构类似，锌镍单液流电池正负极采用同一种电解质，无须离子交换膜，结构简单。

在应用方面，锌镍液流电池目前仍处于商业示范阶段。实验室阶段锌镍液流电池的综合性能较佳，也进行了初步的应用示范，但由于镍价快速上涨，锌镍单液流电池的价格竞争力快速减弱，技术的开发和部署处于较为停滞的阶段。在技术层面，锌枝晶与积累导致的电池短路以及寿命降低问题还需要进一步研究，锌镍单液流电池的正负极面积容量低且功率与容量不能完全解耦，以及电池正极需要高成本烧结镍才能保障较长寿命的问题有待解决。

⑤ 锌铁液流电池。碱性锌铁液流电池于 1981 年被提出，之后有中性和酸性锌铁液流电池出现，但后两者未达到工程化应用的程度。碱性锌铁液流电池开路电压较高，搭配多孔膜和多孔电极后可以在较高的电流密度下长期循环；酸性锌铁液流电池充分利用了铁离子在酸性介质中溶解度高、电化学性能稳定的优势，但负极侧受 pH 值影响较大；中性锌铁液流电池由于其无毒无害、环境温和，逐渐受到关注，与多孔膜结合可有效降低电池成本。无论哪种锌铁液流电池，负极侧都存在锌枝晶和面容量有限的缺点，成为锌铁液流电池产业化必须考虑的问题。

⑥ 锌空气液流电池。北京化工大学潘军青教授在 2009 年提出了一种锌空气液流电池。该电池在充电过程中，正极发生氧析出反应，锌离子会在金属负极沉积为金属锌；在放电过程中，正极发生氧化还原反应，负极上的锌溶解，以锌离子的状态保存到电解液中。

在技术上，锌空气液流电池同其余大部分锌液流电池一样，也面临着锌枝晶的问题。同时，其还面临着电流密度低、氧析出氧还原双效催化剂开发不全面的问题。

⑦ 全铁液流电池。该电池由 Hruska 和 Savinell 在 1981 年进行了描述。与钒相比，铁具有更高的实用性和更低的成本。全铁液流电池分为酸性和碱性体系两种，酸性全铁液流电池在商业开发上较为成熟。

全铁液流电池的技术问题主要在于同铁铬液流电池类似的负极析氢反应以及需要抑制氢氧化铁沉淀的生成。这些问题会大大降低电池的运行效率，减小电池容量，同时有堵塞离子传导膜的风险。

⑧ 高性能锌基液流电池。2022 年 7 月 6 日，中国科学院金属研究所研究人员在深入理解碘氧化还原反应机制的基础上，提出了一种基于聚碘络合物的碘正极溶液，有效解锁了碘正极容量，实现了锌碘液流电池的高能长效循环运行。

改进后的锌碘液流电池放电容量显著提升了 58%，在 70% 能量效率下稳定循环 600 圈，为开发高性能锌碘液流电池提供了新的途径。

技术特点：规模大、寿命长、功率和容量分离，价格较高、能量密度低、效率相对较低。

发展应用：应用于备用电源、电动汽车、电力系统调峰、调频、可再生能源并网、分布式供能等。

关键技术：全钒液流电池技术、锌溴液流电池技术、铁铬液流电池技术、有机体系液流电池技术。

2.1.2.2　机械能储能

（1）抽水储能

抽水储能主要原理是利用离峰电力将水抽回来，再将水放出做水力发电。当电力生产过剩时，剩电便会供予电动抽水泵，把水输送至地势较高的蓄水库，待电力需求增加时，把水闸放开，水便从高处的蓄水库依地势流往原来电抽水泵的位置，借水位能推动水道间的涡轮机重新发电，达到储能的效果。抽水储能原理如图 2.4 所示。

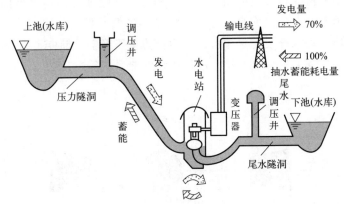

图 2.4　抽水储能原理图

技术特点：规模大、寿命长、单位投资小、技术成熟；受地理条件限制、建设周期长、建设环境要求高。

发展应用：主要应用于削峰填谷、跟踪负荷、调频、备用、无功调节和黑启动等辅助服务任务。

关键技术：水泵水轮机、高坝筑造、变速控制、微型抽蓄、海水抽蓄等。

（2）重力储能

重力储能发电的基本原理与抽水蓄能技术类似，储能和发电的基本过程为：利用富裕电力提升重物，存储势能，在需要时通过释放重物的势能，经转换带动发电机发电。目前主要有活塞式重力储能、悬挂式重力储能、混凝土砌块储能塔和山地重力储能 4 种重力储能发电技术。重力储能如图 2.5 所示。

图 2.5　重力储能

技术特点：初始投入成本低、安全性高、寿命长、对建设环境要求不高。

发展应用：应用于削峰填谷、平衡负荷、发电备用等。

关键技术：重力轮机、水泵水轮机、高效输送系统、运行控制技术等。

（3）压缩空气储能

压缩空气储能是指在电网负荷低谷期将电能用于压缩空气，将空气高压密封在报废矿井、储气罐、山洞、过期油气井或新建储气井中，在电网负荷高峰期释放压缩空气推动汽轮机发电的储能方式。相比兴建钢罐等压力容器储存的方式，利用盐穴等地下洞穴建设大容量电站，将显著降低原材料、用地等方面的成本。按照工作介质、存储介质与热源可以分为：传统压缩空气储能系统（需要补燃）、带储热装置的压缩空气储能系统、液气压缩储能系统等。压缩空气储能原理图如图 2.6 所示。

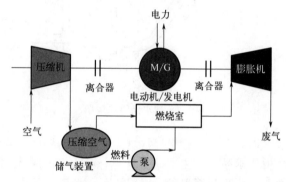

图 2.6　压缩空气储能原理图

技术特点：储能容量较大、储能周期长、效率高和投资相对较小，依赖储气室和化石燃料。

发展应用：应用于削峰填谷、平衡负荷、频率调制、分布式储能和发电备用等。

关键技术：压缩机、膨胀机、燃烧室、蓄热技术、超临界空气储能系统等。

（4）飞轮储能

飞轮储能是新型储能技术之一，处于商业化早期。通过电动/发电互逆式双向电机，实现电能与高速运转飞轮的机械动能之间的相互转换与储存。飞轮储能具有使用寿命长、储能密度高、不受充放电次数限制、安装维护方便、对环境危害小等优点，可用于不间断电源、应急电源、电网调峰和频率控制。但目前飞轮储能还具有很大的局限性，相对能量密度低、静态损失较大，现仅处于商业化早期。飞轮储能原理图如图 2.7 所示。

技术特点：功率密度较高、充放电次数高、工作环境要求低、无污染等。

发展应用：适合电网调频、电网安全稳定控制、电能质量治理等。

关键技术：高速飞轮本体、高速电机和轴承、储能阵列、运行控制技术。

（5）热储能

热储能技术是以储热材料为媒介，将太阳能光热、地热、工业余热、低品位余热等或者将电能转换为热能储存起来，在需要的时候释放，以解决由于时间、

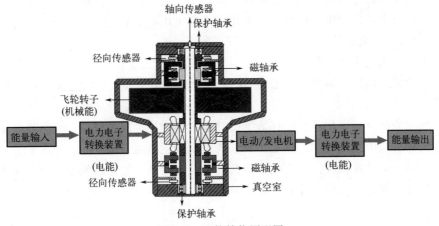

图 2.7 飞轮储能原理图

空间或强度上的热能供给与需求间不匹配所带来的问题，最大限度地提高整个系统的能源利用率。

技术特点：规模大、寿命长、单位投资小，储能密度较低、材料高温腐蚀。

发展应用：显热储热是目前主要储热技术，潜热储热趋于成熟，多用于建筑蓄能或参与电网调峰；热化学储热尚不成熟。

关键技术：高性能蓄热材料、蓄热单元、系统控制等。

2.1.2.3 超级电容储能

超级电容是一种新型功率型储能器件，主要由正负电极、电解液、隔膜构成。电极材料具备高比表面积的特性，隔膜一般为纤维结构的电子绝缘材料，电解液根据电极材料的性质进行选择。以市场主流的双电层电容为例，充电时，电解液中的正、负离子在电场的作用下迅速向两极运动，通过在电极与电解液界面形成双电层来储存电荷。超级电容储能如图 2.8 所示。

图 2.8 超级电容储能

技术特点：充放电速度快、使用寿命长、温度特性好、绿色环保，能量密度较低、成本较高。

发展应用：适合电网调频、实现负载功率变化的消纳和补给等。

关键技术：新型电极材料、高电化学稳定电压电解质、干法电极工艺等。

2.1.2.4　氢储能

氢在地球上主要以化合态的形式出现，其构成了宇宙质量的75％，分布广泛。相比传统能源，氢被誉为21世纪最清洁能源，是未来二次能源体系中电能的重要补充。

氢储能是一种应用在特定环境下的储能技术，其本质是储氢，即将易燃易爆的氢气以稳定的形式储存，以更少的总质量蕴藏更多的能量。

氢储能的基本原理是将水电解得到氢气，并以高压气态、低温液态和固态等形式进行存储。氢储能原理如图2.9所示。

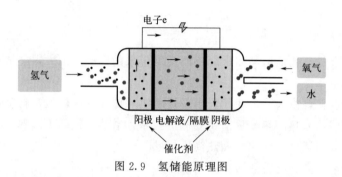

图2.9　氢储能原理图

产氢成本过高：电解水过程中，通常电费占制备成本的80％左右，投资成本高。

产氢效率偏低：目前氢储能的整体电-氢-电的能量效率仅为30％左右，能量损失高于其他常用的储能技术。

2.1.2.5　储能应用领域

（1）发电侧

发电侧储能是指在火电厂、风电场、光伏电站发电上网关口内建设的电储能设施或汇集站发电上网关口内建设的电储能设施。储能在火电厂发电侧中的应用能够显著提高机组的效率，对辅助动态运行有着十分积极的作用，这可以保证动态运行的质量和效率，且暂缓使用新建机组，甚至取代新建机组。另外，发电机组用电过程中还可及时为储能系统充电，在高峰用电时段提高负荷放电的效率，并且可以以较快的速度向负荷放电，促进电网的安全平稳运行。发电侧储能现场如图2.10所示。

在风力发电和光伏发电等新能源发电机组中，储能一方面能够保证新能源发电的稳定性和连续性，另一方面也可增强电网的柔性与本地消化新能源的能力。在风电场当中，储能可以有效提升风电调节的能力，保证风电输出的顺畅性。储能在集中式的并网光伏电站中能够加强电力调峰的有效性，而且还可提高电能的

图 2.10　发电侧储能现场图

质量，电力系统运行的过程中不易出现异常问题。

(2) 电网侧

储能接入电网可以发挥多种价值作用，不同类型储能的时间尺度也不一样，并且可以与传统电网建设、电源建设以及新兴的源网荷互动系统、调相机等电网调节技术手段进行协同优化。

随着新能源大规模发展、能源转型持续深化和储能技术不断成熟，未来储能将与电力系统深度融合，在规模和布局上将与系统各类电源和电力流呈现协调发展态势，这就要求从能源电力发展全局出发，将电网侧储能作为一种可选方案，统筹储能规划、建设及运行，优化电力系统整体运行效益，保障系统运行安全与供电可靠，提升电网的灵活性，加入调峰、调频、黑启动等功能，提高系统经济性。电网侧储能现场如图 2.11 所示。

图 2.11　电网侧储能现场图

电网侧储能布局的四个主要场景：一是在负荷密集接入、大规模新能源汇集、大容量直流馈入、调峰调频困难和电压支撑能力不足的关键电网节点；二是在站址走廊资源紧张等地区；三是在电网薄弱区域如在供电能力不足的偏远地区电网末端或电网未覆盖地区；四是作为重要电力用户的应急备用电源，如政府、医院、数据中心等。通过电网侧合理布局新型储能设施，将提高大电网安全稳定运行水平和保供能力、应急能力，减轻输电线路阻塞，延缓输配电设施投资。

(3）用户侧

工商业利用用户侧储能项目，储存谷时电量、峰时使用，降低用电成本。尤其是电动汽车充电站，如果匹配储能系统，可利用峰谷电价差套利。国内领先的充电运营商已启动试点计划，以验证储能充电站或太阳能＋储能充电站的可行性和协同效应。用户侧储能现场如图2.12所示。

图2.12　用户侧储能现场图

用户侧储能的应用场景非常广泛，未来也会有越来越多的电站建成并投入运营。一方面，储能电站帮助改善居民生活，提供商家价值；另一方面，也为节能环保、绿色低碳的理念出一份力。

2.1.3　储能未来发展

随着能源需求的增长和可再生能源的使用增加，储能技术正处于快速发展的阶段。新技术的出现和发展，对于解决能源存储和调配问题具有重要的意义。

2019年以来，国家方面密集出台储能相关政策，推动储能行业发展，这里汇总从2019年到2023年国家出台的主要储能政策，如表2.1所示。

表2.1　中国主要储能政策

颁布时间	政策	核心要点
2019.2	国家能源局《关于印发2019年电力可靠性管理和工程质量监督工作重点的通知》	完善电力建设工程质量监督技术支撑体系，开展储能电站等新型电力建设工程质量监督研究
2019.6	教育部等《储能技术专业学科发展行动计划（2020—2024）》	要加快培养储能领域高层次人才，增强产业关键核心技术攻关和自主创新能力，推动储能产业高质量发展
2020.1	国家能源局《关于加强储能标准化工作的实施方案》	要求积极推进储能标准制定，鼓励新兴储能技术和应用的标准化研究工作
2020.3	国家标准化管理委员会《2020年全国标准化工作要点》	文件中提到，将推动新能源并网发电、电力储能、电力需求侧管理等重要标准的制定

颁布时间	政策	核心要点
2020.5	国务院《关于新时代推进西部大开发形成新格局的指导意见》	加强可再生能源开发利用,开展黄河梯级电站大型储能项目研究,培育一批清洁能源基地
2021.3	国家发展改革委、国家能源局发布《关于推进电力源网荷储一体化和多能互补发展的指导意见》	通过完善市场化电价机制,引导电源侧、电网侧、负荷侧和独立储能等主动作为、合理布局、优化运行,实现科学健康发展
2021.3	《中华人民共和国国民经济和社会发展第十四个五年规划和 2035 年远景目标纲要》发布	加快电网基础设施智能化改造和智能微电网建设,提高电力系统互补互济和智能调节能力,加强源网荷储衔接,提升清洁能源消纳和存储能力
2021.7	国家发展改革委、国家能源局联合发布《关于加快推动新型储能发展的指导意见》	明确 2025 年 30GW 的发展目标,未来五年将实现新型储能从商业化初期向规模化转变,实现新型储能全面市场化发展,进一步完善储能价格回收机制,支持共享储能发展
2022.1	市场监管局、能源局《电化学储能电站并网调度协议示范文本(试行)》	专门针对电化学储能电站特性,形成《储能并网协议》
2022.6	国家发改委、国家能源局《关于进一步推动新型储能参与电力市场和调度运用的通知》	新型储能可作为独立储能参与电力市场。鼓励配建新型储能与所属电源联合参与电力市场,进一步支持用户侧储能发展。建立电网侧储能价格机制
2023.1	工信部等六部门《关于推动能源电子产业发展的指导意见》	意见要求引导太阳能光伏、储能技术及产品各环节均衡发展,避免产能过剩、恶性竞争
2023.2	国家标准化管理委员会、国家能源局《新型储能标准体系建设指南》	共拟出台 205 项新型储能标准,要求逐步建立适应我国国情并与国际接轨的新型储能标准体系
2023.6	国家能源局发布关于开展《新型储能试点示范工作》的通知	确定了新型储能试点示范工作的规则,将把示范项目纳入全国新型储能大数据平台,开展示范项目建设运行情况跟踪监测,并做好示范项目实施情况评估总结
2023.11	国家能源局综合司发布公开征求《关于促进新型储能并网和调度运用的通知(征求意见稿)》	明确接受电力系统调度新型储能范围,接入电力系统并签订调度协议的新型储能电站,可分为调度调用新型储能和电站自用新型储能两类

目前,储能技术已经取得了一些重要的突破和进展。电池储能技术是目前应用最广泛的储能技术之一。利用锂离子电池等高能量密度储存电力,已经成为电

动汽车等领域的主要选择。此外，压缩空气储能和重力储能也在工业和电网领域得到了应用。这些技术的发展，有效提高了可再生能源的利用率，促进了绿色发展。未来，储能技术的发展趋势将呈现出以下几个方向：

① 首先，更高能量密度的储能材料将被研发出来。目前，锂离子电池作为最主要的储能技术，其能量密度已达到较高水平。但是，为了满足更大容量的储能需求，科学家们正在不断寻找和开发新的储能材料，如金属空气电池、固态电池等，以提高储能设备的能量密度和储能效率。

② 其次，储能技术将更加智能化和可控化。当前的储能设备主要是被动储能，即直接向系统存储能量或释放能量。未来，随着人工智能和物联网等技术的发展，储能设备将具备更高的智能化和可控化。通过预测用户需求、优化能源调度，并与智能电网等相互协作，储能系统将能够更加有效地管理和利用能源。

③ 此外，未来的储能技术还将呈现出更加集成化和模块化的趋势。集成化储能系统能够整合多种储能技术，以实现不同储能形式的协同工作，提高能量转化效率。模块化储能系统能够根据需求进行灵活扩展和组合，以满足各种规模和性能要求。在未来的储能技术竞争中，哪种技术能够胜出将取决于多个因素。

首先是成本因素，储能技术的成本是否能够进一步降低是关键。

其次是能量密度和效率的问题，能否提供更高的能量密度和更高的能量转化效率将是竞争的关键点。

最后，可靠性和环保性也是重要的考量因素。

储能技术在未来将呈现出更高能量密度、更智能化和可控化、更集成化和模块化的特点。未来，储能技术的发展将进一步推动可再生能源的普及和利用，为人类创造一个更加清洁、高效和可持续的能源未来。

2.2　储能产品介绍

(1) 锂离子电池储能产品

锂离子电池是目前应用最广泛的储能产品之一。它具有高能量密度、长寿命和较低的自放电率等优点。锂离子电池储能产品广泛应用于电动汽车、户用储能系统以及电网储能系统等领域。在电网储能系统中，锂离子电池可以储存太阳能或风能等可再生能源，并在需求高峰时释放能量，平衡电网负荷。

(2) 液流电池储能产品

超级电容器是一种能量储存和释放速度极快的储能产品。它具有高功率密度、长寿命和高可靠性等特点。超级电容器储能产品广泛应用于电动汽车、电动工具和电力系统等领域。在电力系统中，超级电容器可以在短时间内释放大量能量，用于应对电网突发需求。

（3）氢能储能产品

氢能储能产品主要通过将电能转化为氢能，实现能量储存和释放。氢能储能产品具有高能量密度和长寿命等特点。它可以用于电力系统、交通运输和工业领域等，在电力系统中，氢能储能产品可以将多余的电力转化为氢气，然后在需求高峰时通过燃烧氢气发电。

2.3　锂电储能产品分类

锂离子电池是一种重量轻、可再充电，而且功能强大的电池，今天已经广泛用于从手机到笔记本电脑和电动汽车的各个范畴。而且，它还可以储存来自太阳能和风能的大量能源。

便携式储能电源、户用储能电源、汽车应急启动电源、工商业储能系统、大型储能系统、移动电源、UPS 不间断电源、EPS 应急电源是锂离子电池技术使用的八大代表方向。因为这八个产品都有锂离子电池储电和供电的相同之处，但因为使用方向不相同，导致技术侧重不同，所以不能混为一谈。

2.3.1　户外便携式储能产品

随着户外活动的普及，户外储能产品已成为许多人和企业在户外活动中不可或缺的设备。然而，设计一款合适的户外储能产品并非易事，需要考虑到多个关键因素。本部分将为您详细解析户外储能产品的设计中需要关注哪些关键因素。

（1）用户需求

首先，明确用户需求是设计户外储能产品的首要任务。要了解用户对电池类型、容量、充放电速度、环境温度等方面的需求。不同的用户需求直接影响到产品的设计和选择。例如，对于需要长时间户外活动的用户，需要选择大容量、高充放电速度的储能产品；而对于在户外工作的人群，则需要选择稳定性高、耐久性好的储能产品。户外便携式储能产品如图 2.13～图 2.15 所示。

图 2.13　户外便携式储能产品（一）

图 2.14　户外便携式储能产品（二）

图 2.15　户外便携式储能产品（三）

（2）地理环境

其次，考虑产品所处的地理环境对于产品的设计至关重要。如果产品需要露天放置，则需要考虑风、雨、雪、太阳辐射等因素对产品的影响。加强产品的防水、防晒、耐高温、耐低温等性能，以便应对恶劣的户外环境。如果产品需要架设在山洞、水库等地方，则需要考虑地形、土质、水位等因素对产品的影响。选择合适的安装位置和加强结构的稳定性，以避免安全隐患。

（3）技术要求

除了用户需求和地理环境之外，还需要考虑产品的技术要求。对于户外储能产品，大功率、高效率、低成本等技术指标是设计者需要关注的重点。同时，安全性、稳定性、耐久性等因素也是设计者需要认真考虑的重要因素。通过引入先进的技术和材料，可以提高产品的性能和寿命，为户外活动提供更加可靠的能源支持。

（4）经济因素

需要考虑产品的经济因素。户外储能产品的造价、维护成本等经济指标需要在设计时进行综合考虑。在保证性能和质量的前提下，尽量降低生产成本，提高产品的性价比。同时，设计者还需要考虑产品的可持续性和环保性，以减少对环境的影响。

总之，户外储能产品的设计需要考虑多个关键因素，包括用户需求、地理环境、技术要求和经济因素等。只有充分考虑这些因素，才能设计出一款适合户外活动需要的储能产品，从而为户外活动提供更加可靠、安全、便捷的能源支持。

2.3.2　户用储能产品

随着太阳能和风能的逐渐普及，户用储能系统也成了一种重要的节能环保手段，而锂离子电池组定制则是户用储能系统的核心组成部分之一。

户用储能是指家庭利用电池等储能设备将多余的电能存储起来，以备在需要时使用的过程。可以有效地管理和利用家庭的能源资源，提高能源利用效率，减少能源浪费。节省电费是用户配储的重要动力,户用储能产品一般在白天发电,但家庭用户的用电高峰在夜间,发电和用电时间不匹配,配置储能可以帮助用户将白天多发的电储存起来,供夜间使用;另一方面,用户在一天中不同时间用电电价不同、存在峰谷价的情况下,储能系统可以在低谷时段通过电网或自用光伏电池板充电,高峰时段放电供负载使用,从而避免在高峰时段从电网用电,有效节省电费。

户用储能系统通常由电池储能设备和逆变器等组成,户用储能电池是其中的关键组件,它是用于存储电能的装置。户用储能电池通常使用锂离子电池技术,具有高能量密度、快速充放电能力和较长的寿命。

户用储能系统需要具备高效、稳定、安全的特点,以保证能量的储存和供应。而锂离子电池组定制可以根据不同家庭的用电需求进行设计,以保证系统的最佳性能。

锂离子电池组定制需要考虑的因素包括电池的容量、充放电效率、循环寿命、温度管理等。同时,还需要对电池组进行管理和维护,以保证其长期稳定运行。

通过合理的锂离子电池组定制,可以实现户用储能系统的高效利用,减少家庭用电成本,同时还能为环保事业作出贡献。

从产品形态来看,户用储能相当于大容量便携储能的延伸,通过堆叠产品、模块来实现扩容;定位也更加灵活,既可以满足几度电的应急需求,也可以扩展到全屋备用电源。兼顾户外使用属性,例如户外活动、室外花园、房车等场景,通过带轮子移动式的设计或者搬移一个电池模块即可实现。

家庭式光伏储能系统由光伏并离网系统、储能逆变器、蓄电池、负载组成。对于别墅家庭而言,一套 5kWh 的光伏储能系统,完全可以满足日常电能消耗。在有光照的白天,屋顶的光伏板可以为别墅家庭提供所有的电力需求,同时为新能源汽车供电。当这些基础应用都被满足时,剩下的电力则会进入储能电池,为夜晚的能源需求和多云天气做准备,确保整套家庭式储能系统的有效运行。如果遇到突发停电,户用储能系统可以保持供电的连续性,并且响应时间极短。户用储能系统使太阳能板发电更加可靠,避开了阴雨天不能发电用电的缺点,无疑是别墅备用电源的优佳选择。

受世界能源危机的影响,家储系统正在变得越来越普遍,是贯彻可持续发展的先行者。尤其是在欧美国家,家庭用储能产品非常受欢迎,近些年来,在中国也有越来越多的家庭响应国家"绿色能源"号召,选择了这种储能形式。户用储能现场图如图 2.16 所示。

选择户用储能产品时,可以考虑以下几个因素:

① 储能容量:根据每个家庭的能源需求和预算,选择合适的储能容量。储存更多的能量意味着可以在停电或低能源时段使用更长时间的电力。

图 2.16　户用储能现场图

② 充放电效率：了解电池的充放电效率可以帮助评估能源利用效率。高效的储能电池会最大限度地减少能量损失，提供更多可利用的电力。

③ 周期寿命：了解电池的循环寿命或使用寿命是很重要的。这指的是电池能够进行充放电循环的次数，以及其在循环使用过程中损耗的情况。选择具有较长寿命和可靠性的电池可以减少后续的维护和更换成本。

④ 安全性能：确保选择的电池具有高度的安全性能，包括过充、过放和短路保护等，这将有助于防止火灾和其他意外事故。

⑤ 成本：储能电池的价格因容量和品牌而异，要根据你的预算做出合理的选择。同时，考虑到储能电池可能为你带来的能源储存和节能优势，评估它们的回报率也是很重要的。

⑥ 品牌信誉和售后服务：选择来自可靠品牌的储能电池，这样可以获得更好的产品质量和可靠的售后服务。

综合考虑以上因素，并根据每个家庭的特定需求，选择适合的户用储能产品可以最大化利用可再生能源并提供稳定电力供应。在购买前做好调研和比较，选择具备良好性能、可靠性和适用性的电池系统。

2.3.3　工商业储能系统

在"碳达峰、碳中和"及"构建以新能源为主的电力系统"目标下，风电、光电等新能源在快速发展，但新能源发电的主要瓶颈在于间歇性、随机性、波动性，解决此类问题，需要储能系统提供灵活性调节和关键性支撑。储能可应用于发/输/配/用各个环节，发挥多重作用。工商业储能系统如图 2.17 所示。

这里我们以古瑞瓦特 WIT 系列工商业储能逆变器的用户侧储能设计为例。

不同于大规模储能调峰调频电站，工商业储能系统的主要目的是利用电网峰谷差价来实现投资回报，主要负荷是满足工商业自身内部的电力需求，实现光伏发电最大化自发自用，或者通过峰谷价差套利。系统主要由光伏组件、光储一体机、电池组、负载等构成。光伏组件方阵在有光照的情况下将太阳能转换为电

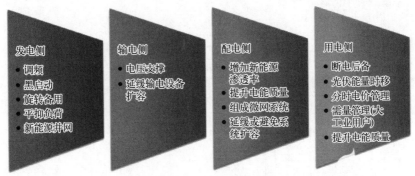

图 2.17 工商业储能系统

能，通过光储一体机给负载供电，也可同时给电池组充电；在无光照时，由电池组通过一体机给负载供电。主要应用场景为写字楼、商场、工商业园区、海岛微网、村庄、大型户用。

（1）工商业储能系统主要构成（图 2.18）

图 2.18 工商业储能系统主要构成

图 2.16 中①～⑤说明如下：

① 光储一体机。其作用是对太阳能电池组件所发的电能进行调节和控制，变成正弦波交流电。

② 电池组。其主要任务是储能、保障能量平衡以及供能稳定性，在夜间或阴雨天保证负载用电需求。

③ 交流配电柜。主要起交流输出侧关断以及保护的作用。

④ 智慧能源管理器 SEM。与光储一体机、智能电表、电池实现通信互连，具备干接点可外控油机，可以接入客户急停、消防、安防等系统，实现复杂的系统联动需求。

⑤ 光伏组件。太阳能供电系统中的主要部分，其作用是将太阳的辐射能量转换为直流电能。

工商业光储应用场景解决方案系统图如图 2.19 所示，离岛微网应用场景解决方案系统图如图 2.20 所示。

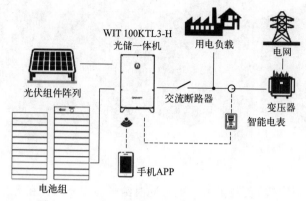

图 2.19 工商业光储应用场景解决方案系统图

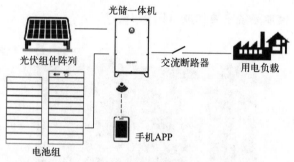

图 2.20 离岛微网应用场景解决方案系统图

（2）工商业储能系统设计原则

① 负载类型和功率决定光储一体机的选型。负载一般分为感性负载和阻性负载，中央空调、压缩机、吊机等带有电动机的负载是感性负载，电动机启动功率是额定功率的 3～5 倍，设计初期在靠设备离网运行时，一般要把这些负载的启动功率考虑进去，逆变器的输出功率要大于负载的功率。对于监控站、通信站等要求严格的场合，输出功率是所有的负载功率之和。但在本储能系统中，WIT 系列（目前有 50K/63K/75K/100K，4 个功率段）强大的带载能力，支持电机类负载和 100％三相不平衡负载，可长期过载 110％。

② 单日用电量确认组件功率。组件的设计原则是要满足平均天气条件下负载每日用电量的需求，也就是说太阳能电池组件的全年发电量要等于负载全年用电量。因为天气条件有低于和高于平均值的情况，太阳能电池组件设计应基本满足光照最差季节的需要，就是在光照最差的季节蓄电池也能够基本上天天充满电。组件的发电量并不能完全转化为用电，还要考虑控制器的效率和机器的损耗以及电池组的损耗，电池组在充放电过程中，也会有 10％～15％的损耗。储能

系统可用的电量＝组件总功率×太阳能发电平均时数×控制器效率×电池组效率。

③ 蓄电池设计容量。电池组的任务是在太阳能辐射量不足时，保证系统负载的正常用电。电池组的容量可以根据实际情况来设计。设计时要注意三点：电池组的电压要达到光储一体机系统的电压（WIT 系列电池工作电压范围是 600～1000V/680～1000V），电池组储存的电量要达到用户的要求（能量时移、峰谷套利等），需要离网运行时考虑阴雨天备电情况。

④ EMS 方案。和大型储能系统一样，工商业储能系统也包括能源管理系统（EMS）。古瑞瓦特 EMS 解决方案为 SEM（Smart Energy Manager，智慧能源管理器），利用锂离子电池作为储能装置，通过本地及远端 EMS 管理系统，完成电网、电池、一体机、负载三者之间的电能提供和电能需求的平衡与优化，并能使用干接点等方便接入其他类型设备，在峰谷用电、用电安全等方面带来应用价值，工商业储能系统的 EMS 也与大型储能电站不同，通常不用考虑电网调度的需求，主要是为本地提供电力，只需要具备局域网内能量管理和自动切换即可。

"光伏＋储能"工商业储能是目前最为可靠、最有潜力的一种应用，也是最有可能被大规模应用的分布式光伏解决方案，在电价较高、峰谷价差较大的场所，合理设计可实现高投资收益。

2.3.4　大型储能系统

随着能源需求的增长和可再生能源的普及，大型储能系统在电力行业中扮演着越来越重要的角色。储能电气设计是确保储能系统高效运行的关键因素之一。这里简述大型储能电气设计的相关知识，包括设计原则、关键组件和技术要点。大型储能系统现场图如图 2.21 所示。

图 2.21　大型储能系统现场图

(1) 设计原则

大型储能电气设计的目标是实现高效、可靠和安全的能量存储和释放。以下是一些设计原则：

① 系统容量匹配：储能系统的容量应与电网需求相匹配，以确保能量的平衡，容量过大会浪费资源，容量过小则无法满足需求。

② 系统可靠性：储能系统应具备高可靠性，能够在各种工况下稳定运行。采用可靠的组件和系统配置，以减少故障和停机时间。

③ 安全性考虑：储能系统应考虑安全因素，包括防火，防爆、防雷击等。合理的安全设计可以降低事故风险，保护人员和设备的安全。

（2）关键组件

大型储能系统包括多个关键组件，每个组件都起着重要的作用。以下是几个常见的关键组件：

① 储能单元：储能单元是储能系统的核心部分，通常采用锂离子电池、钠硫电池或流电池等技术。选择合适的储能单元可以提高系统的能量密度和循环寿命。

② 逆变器：逆变器将储能系统的直流电转换为交流电，以满足电网或负载的需求。逆变器的设计应考虑高效率、低谐波和电网兼容性等因素。

③ 控制系统：控制系统对储能系统的运行进行监测和管理。它可以实现能量的优化调度、故障诊断和安全保护等功能。

（3）技术要点

大型储能设计需要考虑一些关键的技术要点，以确保系统的性能和可靠性。

① 温度管理：储能单元的温度对其性能和寿命有重要影响。设计中应考虑合适的散热系统和温度监测装置，以保持储能单元的温度在安全范围内。

② 平衡控制：储能系统中的多个储能单元需要进行平衡控制，以确保各单元之间的电压和容量均衡。采用合适的平衡控制策略可以延长系统的寿命和提高效率。

③ 故障保护：储能系统应具备故障保护功能，能够及时检测和响应故障情况。采用可靠的故障保护装置和策略，可以减少故障对系统的影响。

④ 调度策略：储能系统的调度策略对其经济性和可靠性有重要影响。合理的调度策略可以实现能量的最优利用，降低电网负荷峰值和平滑负荷波动。

大型储能设计是确保储能系统高效运行的关键因素。通过遵循设计原则，选择合适的关键组件和技术要点，可以实现储能系统的高可靠性、安全性和经济型。随着技术的不断进步，大型储能设计将在电力行业中发挥越来越重要的作用，推动可再生能源广泛应用和电力系统的可持续发展。

2.3.5　汽车应急启动电源

汽车应急启动电源是为驾车出行的爱车人士和商务人士所开发的一款多功能便携式移动电源。它的特色功能是用于汽车亏电或者其他原因无法启动汽车时启动汽车。该产品同时将充气泵、应急电源、户外照明等功能结合起来，是户外出行必备的产品之一。汽车应急启动电源实物图如图 2.22 所示。

图 2.22　汽车应急启动电源实物图

汽车应急启动电源设计理念为易操作、方便携带，同时能够应对各种紧急情况。目前市面上的汽车应急启动电源主要为两种：一种是铅酸蓄电池类的；另一种是锂聚合物类的。

铅酸蓄电池类的汽车应急启动电源较为传统，采用的是免维护式铅酸蓄电池，质量和体积都较大，相应的电池容量、启动电流等也会比较大。这类产品一般会配备有充气泵，同时还有过流、过载、过充以及反接指示保护等功能，可以给各类电子产品充电，部分产品还具有逆变器等功能。

锂聚合物类的汽车应急启动电源较为新潮，是最近出现的产品，重量轻、体积小巧，可一手掌握。这类产品一般不配备充气泵，具有过充关断功能，而且照明功能较为强大，可以为各类电子产品供电。这类产品的照明灯一般都具有爆闪或者 SOS 远程 LED 救援信号灯功能，比较实用。

铅酸蓄电池类启动汽车电流有许多种，大致范围在 350～1000A，锂聚合物类启动汽车最大电流应该有 300～400A。为了使用方便，汽车应急启动电源设计紧凑，便携耐用，是爱车应急启动的好帮手，可以为大多数车辆和少量船只提供辅助启动电源，也可以作为便携 12V 直流电源，以备在车外或紧急时使用。

第3章
锂离子电池材料

3.1 锂离子电池正极材料

3.1.1 正极材料简介

作为电动车的"心脏"，电池的原材料供应受到了资本市场的广泛关注。下面介绍一下四大锂电材料之一的正极材料。

(1) 基本情况

在锂离子电池的四大材料中，正极材料处于最关键位置，锂离子电池一般以正极材料的名称来命名。

① 正极材料是电池中成本占比最高的原材料，达到30%以上。正极材料占比如图3.1所示。

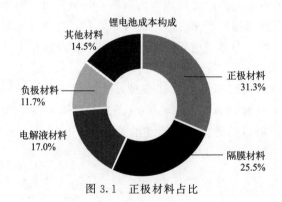

图 3.1　正极材料占比

② 正极材料提供电池电化学反应所需要的锂离子。锂离子电池充放电过程如图3.2所示。

③ 正极材料的克容量对于锂离子电池的能量密度影响较大，相较于磷酸铁锂，克容量较高的三元材料做正极的电池能量密度更高。电池的能量密度越高，单位体积或重量内存储的电量越多。正极材料的变化对锂离子电池的能量密度、安全性能和成本影响较大。

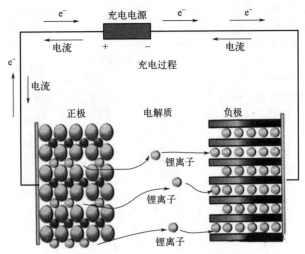

图 3.2　锂离子电池充放电过程

(2) 产业链

① 锂离子电池正极材料上游为锂、钴、镍等矿物原材料，正极材料价格受这些矿物原材料价格影响较大。

② 矿物原材料结合导电剂、黏结剂等制成前驱体，前驱体是决定正极材料品质与性能的关键一环。

③ 前驱体经过一定工艺合成后制得正极材料。

从毛利率来看，除上游矿产以外的其他环节，年利率都比较低，一般都低于 20%。

(3) 分类

① 正极材料主要包括钴酸锂、锰酸锂、磷酸铁锂和三元材料（包括镍钴锰酸钾 NCM 和镍钴铝酸锂 NCA）四种。

② 其中磷酸铁锂和三元材料比较重要，二者各有优点：三元材料的能量密度高，续航时间长；磷酸铁锂更安全，成本更低，寿命更长。

③ 磷酸铁锂和三元材料的竞争。在动力电池发展早期，先是磷酸铁锂得到了广泛的应用。随着新能源汽车的快速发展，提高电池能量密度成为行业共识，加上我国调整补贴标准，对续航里程、能量密度等指标提出更高要求，带动能量密度更高的三元材料相关产业链快速发展。

④ 2020 年以来，随着补贴政策逐步退坡，加上储能行业大概率走磷酸铁锂路线，磷酸铁锂反超了三元材料。中国锂电池正极材料市场规模如图 3.3 所示。

3.1.2　三元材料

三元材料（Ternary）是指由三种化学成分（元素）、组分（单质及化合物）

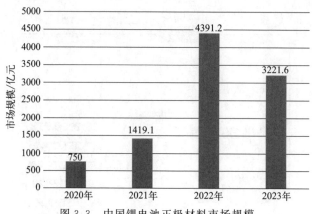

图 3.3 中国锂电池正极材料市场规模

或部分（零件）组成的材料整体，包括合金、无机非金属材料、有机材料、高分子复合材料等，广泛应用于矿物提取、金属冶炼、材料加工、新型能源等行业。三元锂离子电池如图 3.4 所示。

钴酸锂电池的正极材料是钴酸锂 $LiCoO_2$，三元材料则是镍钴锰酸锂 $Li(NiCoMn)O_2$，三元复合正极材料前驱体产品是以镍盐、钴盐、锰盐为原料，镍钴锰的比例可以根据实际需要调整。在三元锂离子电池中，三元材料做正极的电池相对于钴酸锂电池安全性高。与传统的钴酸锂电池相比，镍钴锰酸锂用相对廉价的镍和锰取代了钴酸锂中三分之二的钴，因此在成本方面的优势非常明显。钴酸锂和三元材料都是良好的锂离子电池正极材料，但是其化学特性各有差异，因此，针对其不同的化学特性，应用领域也有所不同。钴酸锂如图 3.5 所示。

图 3.4 三元锂离子电池

图 3.5 钴酸锂

相比磷酸铁锂电池，三元锂离子电池由于采用了贵重的镍和钴，其成本更高，也会受到供货不足的困扰。但其还是有着自身的优势。

① 首先，相比磷酸铁锂电池，三元锂离子电池的低温性能要更好一些。根据测算，三元锂离子电池可用于零下 30℃ 的环境，而磷酸铁锂的使用环境则最多只有零下 20℃。

② 在同样低温条件下，三元锂离子电池的冬季衰减率也更加优秀，不到 15%，而磷酸铁锂电池的衰减率则高达 30%，而且其放电电压过于平稳，难以估计剩余电量，也更容易造成历程焦虑问题。

③ 三元锂离子电池的能量密度更高，这就意味着同样大小的电池体积，三元锂离子电池能内置更高的能量，以实现更长的续航里程。

提高三元锂离子电池比能量的技术途径如下。

a. 工艺的进步，但如今电池工艺设计已相对成熟，提高电池比能量的空间不大。

b. 材料性能的提升，受制于自身物化性能，以磷酸铁锂和三元锂为正极、碳材料为负极的锂动力电池在能量密度上很难有大的突破。

c. 新材料、新体系，即开发高比能新材料、发展动力三元锂离子电池新体系是未来动力电池比能量大幅度提升的主要途径。

d. 锂离子电池能量密度是一个系统问题，提高电芯能量密度是一个直接手段，但是如果做好电芯的布置、电路的规划、减轻壳体重量、为电池减负，也是提高电池能量密度的一个有效手段。

不同材料性能对比如表 3.1 所示。

表 3.1　不同材料性能对比

性能	钴酸锂	锰酸锂	磷酸铁锂	三元（镍钴锰）
耐过充	不耐	耐	耐	不耐
氧化性	很强	一般	弱	强
过充极限	$0.5C/6V$	$3C/10V$	$3C/10V$	$0.5C/6V$
安全性	很不安全	安全性能好	安全性能好	不安全
安全容量	1Ah	10~30Ah	280Ah	—
大功率能力	好	很好	一般	—
价格	昂贵	低廉	低廉	一般

3.1.3　钴酸锂材料

钴酸锂是第一款商业化锂离子电池的正极材料，其完全脱锂后的理论克容量为 274mAh/g，真密度高达 $5.1g/cm^3$，实际压实密度可达 $4.2g/cm^3$，具有极高的体积能量密度（高电压下优势凸显），目前仍然是消费类电池应用最广泛的正极材料。实际上，钴酸锂具有三种晶体结构，分别为高温相 $HT\text{-}LiCoO_2$、低温相 $LT\text{-}LiCoO_2$、岩盐相 $LiCoO_2$。其中，低温相钴酸锂合成温度较低，晶体结构特征介于层状结构和尖晶石结构之间，Li 层中含有约 25% 的 Co 原子，Co 层中含有约 25% 的 Li 原子，松装密度较低，电化学性能较差，很少作为商业化正极材料投入使用；而岩盐相钴酸锂的结构高度紊乱，Li 和 Co 在晶体内部随机排列，没有明显规律。钴酸锂微观结构如图3.6所示。

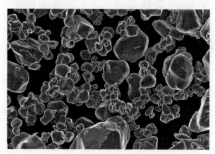

图 3.6　钴酸锂微观结构

钴酸锂的三种晶体结构如表3.2所示。

表 3.2　钴酸锂的三种晶体结构

物相结构	合成温度/℃	电化学性能	结构特征
高温相 HT-LiCoO$_2$	850	良好	层状结构
低温相 LT-LiCoO$_2$	400	较差	介于层状结构和尖晶石结构中的一种
岩盐相 LiCoO$_2$	—	—	Li 和 Co 随机排列

目前通常所说的钴酸锂就是指高温相 HT-LiCoO$_2$，其隶属于 α-NaFeO$_2$ 层状结构六方晶系，空间群为 R-3m，Co 原子与相邻的 O 原子通过共价键形成 CoO$_6$ 八面体，Li 原子与相邻的 O 原子通过离子键形成 LiO$_6$ 八面体，Li$^+$ 和 Co^{3+} 交替排列在 O^{2-} 形成的骨架结构中，形成 "-O-Li-O-Co-O-Li-O-Co-" 排列结构，由于 Co-O 键作用力强于 Li-O 键，因此，有助于充放电过程中 Li$^+$ 在 CoO$_2$ 层间脱出和嵌入，钴酸锂的层状结构不易坍塌，从而保证了材料具有较好的循环稳定性。如图3.7所示为钴酸锂的晶体结构模型。

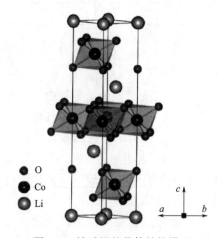

○ O
● Co
◉ Li

图 3.7　钴酸锂的晶体结构模型

更高的能量密度是锂离子电池不懈的追求。提高充电上限电压可以使钴酸锂脱出更多的 Li$^+$ 参与电化学反应，从而提升全电池的放电比容量和放电平台，如将钴酸锂充电上限电压从 4.2V 提高到 4.45V，放电比容量从 140mAh/g 提升到 180mAh/g（提升约 28.6%），放电平台从 3.70V 提升到 3.87V（提升约 4.6%），因此，提高钴酸锂充电上限电压是提升电池能量密度最有效的方法之一。钴酸锂不同充电上限电压对应的比容量和放电平台电压如图 3.8 所示。

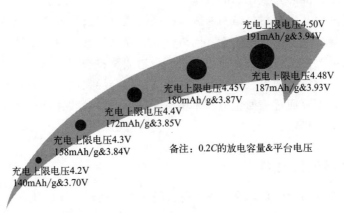

充电上限电压4.50V
191mAh/g&3.94V

充电上限电压4.48V 187mAh/g&3.93V

充电上限电压4.45V
180mAh/g&3.87V

充电上限电压4.4V
172mAh/g&3.85V

充电上限电压4.3V
158mAh/g&3.84V

备注：0.2C的放电容量&平台电压

充电上限电压4.2V
140mAh/g&3.70V

图 3.8　钴酸锂不同充电上限电压对应的比容量和放电平台电压

然而，提升充电上限电压后（过量脱锂）会带来一系列问题，如材料相变、界面副反应、钴金属溶出、氧气析出等，导致材料性能尤其是循环性能快速衰减。钴酸锂表面反应活性高于体相，在其表面的充电过程包括如下反应步骤。

- 钴酸锂表面位置优先脱出 Li^+。
- Li^+ 脱出后 O 原子间失去阳离子阻隔产生排斥，表面结构开始变得不稳定。
- Li^+ 持续脱出，表面处晶格氧活性提高到一定程度发生析氧。
- 析氧发生后，表面的 Co 原子稳定性变差，发生溶解。
- 高价元素 Co^{4+} 同时氧化电解液，直接参与化学反应溶入电解液。

① 问题一：造成容量损失。在充电过程中，随着 Li^+ 从钴酸锂中脱出，材料的晶体结构发生改变，导致材料结构发生不可逆破坏，Li^+ 难以进行可逆脱嵌从而造成容量损失。钴酸锂正极容量衰减机制如图 3.9 所示。

② 问题二：界面副反应增多。高电压下电解液的电化学稳定性变差，容易分解产生 HF，从而对 SEI 膜造成腐蚀，进而影响 Li^+ 的脱嵌。其次，高脱锂态下的钴酸锂含有强氧化性的 Co^{4+}，电解液在钴酸锂表面被氧化产生副产物，从而增大界面阻抗，最终导致容量加速衰减。

③ 问题三：钴金属溶出和析氧问题。随着 Li^+ 的持续脱出，钴酸锂表面 Co 元素和 O 元素活性进一步增强，当晶格氧活性提高到一定程度时，就会以 O_2 的形式逸出，气体逸出后，Co 原子稳定性变差，这一过程会有 Co 溶解。O_2 逸出和 Co 溶解，材料骨架结构稳定性变差，最

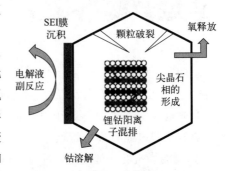

图 3.9　钴酸锂正极容量衰减机制

终导致电化学性能和安全性能的衰减。

因为钴酸锂其自身材料结构原因，在高电压下（过量脱锂）容易导致不可逆相变发生，导致层状结构不稳定，同时伴随着晶面滑移和原子重排，导致晶胞参数剧变、晶界产生错位、表面应力变化，会造成颗粒破裂，同时电解液氧化分解产生副反应后有氧气逸出、钴金属溶解等问题都会导致电池性能失效。目前，针对材料本身，主要通过表面包覆和体相掺杂等方式对钴酸锂进行改性，从而改善其在高电压下的稳定性。

3.1.4　磷酸铁锂材料

磷酸铁锂（$LiFePO_4$）的安全性高、循环性能稳定、性能比高、放电平台平稳、环境友好，被普遍认为是最有前途的锂离子电池正极材料，尤其是动力锂离子电池正极材料，是目前研发的热点。

磷酸铁锂电池，是指用磷酸铁锂作为正极材料的锂离子电池。磷酸铁锂的微观结构如图 3.10 所示。

其中钴酸锂是目前绝大多数锂离子电池使用的正极材料。

从材料的原理上讲，磷酸铁锂电池也是基于一种嵌入、脱嵌过程，这一原理与钴酸锂电池、锰酸锂电池完全相同。

磷酸铁锂是一种橄榄石结构的聚阴离子磷酸盐，其充放电反应是在磷酸铁锂和磷酸铁两相间进行的。磷酸铁锂充放电模型如图 3.11 所示。充电时，Li^+ 从 $LiFePO_4$ 中脱离出来，Fe^{2+} 失去一个电子变成 Fe^{3+}；放电时，Li^+ 嵌入磷酸铁中变成 $LiFePO_4$。

图 3.10　磷酸铁锂的微观结构

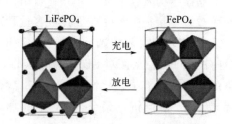

图 3.11　磷酸铁锂充放电模型

磷酸铁锂电池属于锂离子二次电池，一个主要用途是用于动力电池，相对 NI-MH、Ni-Cd 电池有很大优势。磷酸铁锂电池充放电效率较高，倍率放电情况下充放电效率可达 90% 以上，而铅酸电池约为 80%。

磷酸铁锂电池有如下特点：

① 高能量密度。理论比容量为 170mAh/g，产品实际比容量可超过 140mAh/g（0.2C，25℃）。

② 高安全性。是目前最安全的锂离子电池正极材料，不含任何对人体有害的重金属元素。磷酸铁锂正极材料及电解质都不属于易燃易爆物质，所以很安全。磷酸铁锂电池是常见的电池中唯一被工信部批准在新能源电动公交车上使用的锂离子电池。

③ 寿命长。在 100% DOD 条件下，可以充放电 4000 次以上。正常使用循环 2000 次容量不低于 80%，整个使用寿命循环 4000 次以上，我们生产的二轮、三轮、四轮电动车以每年 365 天计算，就算不休息每天把电用完，10 年也只是 3600 个循环，所以保守估计正常使用达 10 年以上。

④ 无记忆效应。

⑤ 充电性能优。磷酸铁锂正极材料的锂离子电池，可以使用大倍率充电，最快可在 1h 内将电池充满。

3.2　锂离子电池负极材料

3.2.1　负极材料简介

负极材料是锂离子电池的关键材料之一，占锂离子电池成本约 10%。锂离子电池负极材料在锂离子电池中起储存和释放能量的作用，主要影响锂离子电池的首次效率、循环性能等。锂离子电池负极材料由碳系或非碳系材料等负极活性物质、黏结剂和添加剂混合制成糊状胶合剂均匀涂抹在铜箔两侧，经干燥、辊压而成。负极的结构与正极相同，也是采用在集流体（铜箔）上涂布活性物质的方式，其作用是对正极放出的锂离子进行可逆性的吸收/释放，并通过外部电路流出电子。目前已经大规模商业应用的锂离子电池结构中，负极是由活性物质、导电剂、黏结剂、集流体四大部分组成。锂离子电池负极的构成如图 3.12 所示。

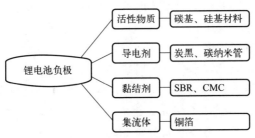

图 3.12　锂离子电池负极的构成

负极常见的活性材料主要分为五种类型：

① 碳负极材料：目前已经实际用于锂离子电池的负极材料基本上都是碳素

材料,如人工石墨、天然石墨、中间相碳微球、石油焦、碳纤维、热解树脂碳等。

② 锡基负极材料:锡基负极材料可分为锡的氧化物和锡基复合氧化物。

③ 锂过渡金属氮化物负极材料。

④ 合金类负极材料:包括硅基合金、锗基合金、铝基合金、锑基合金、镁基合金和其他合金。

⑤ 纳米氧化物材料及碳纳米管。

锂离子电池的负极活性材料如图3.13所示。

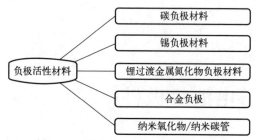

图 3.13　锂离子电池的负极活性材料

目前锂离子电池负极材料主要分为碳材料和非碳材料两大类。与其他的嵌锂负极材料相比,碳材料具有高比容量、低电化学电势、良好的循环性能、廉价、无毒、在空气中稳定等优点,是目前市场上最成熟的锂离子电池负极材料。

非碳类负极材料目前大多数还处于研发阶段。非碳负极主要包括过渡金属氧化物、多元锂合金、锂金属氮化物和过渡金属氮化物、磷化物、硫化物、硅化物等。尽管这些材料在某些方面比碳材料具有更大的优势,例如具有更高的比容量、更好的循环性能、更好的倍率性能等,但同时存在很多问题有待解决,例如充放电过程中的体积膨胀、电压滞后、安全性差等。目前最有可能率先取得突破的是硅材料,市场上已有相关应用,但其成本和售价高昂,性能有待进一步验证和评价,还没有大范围应用。

(1) 负极材料市场规模

近年来,随着新能源汽车行业的兴起以及锂离子电池等产品的发展,负极材料市场规模稳步增长。数据显示,我国锂离子电池负极材料市场规模由2020年140.2亿元增至2023年181.8亿元,年均复合增长率为30%。2020—2023年中国锂电负极材料市场规模趋势图如图3.14所示。

(2) 负极材料出货量

2022年上半年,国内新能源汽车销量达到260万辆,带动动力电池出货超200GWh。海外客户加速对人造石墨技术应用,推动我国负极材料海外出货上升。冬奥会后,限产限电放宽,石墨化产能利用率上升,负极材料产能得到部分

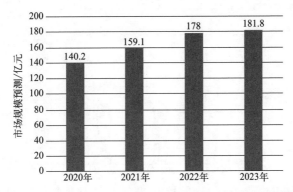

图 3.14　2020—2023 年中国锂电负极材料市场规模预测趋势图

释放，市场需求得到较好的满足。2023 年，中国锂电负极材料出货量 171.1 万吨，同比增长 25%。2020—2023 年中国负极材料出货量如图 3.15 所示。

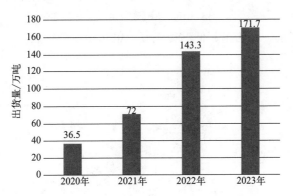

图 3.15　2020—2023 年中国负极材料出货量

(3) 硅基负极材料出货量

近年来，中国硅基负极材料正在不断发展，硅基负极材料市场迎来快速增长，出货量预计大幅增加。2022 年硅基负极材料出货量达 1.6 万吨，同比增长 84%，占负极材料出货量的 1.5%。随着特斯拉 4680 电池的量产以及大圆柱电池的推广应用，未来出货量将继续增长。2020—2023 年中国硅基负极材料出货量趋势图如图 3.16 所示。

3.2.2　石墨材料

在锂离子电池各材料制造当中，负极材料的制造是最为复杂、制造周期最长的。在负极材料的制造工艺四步（破碎—造粒—石墨化—筛分除磁）中，尤以造粒和石墨化技术含量和技术壁垒最高，从失效成本来看，石墨化可谓当之无愧的

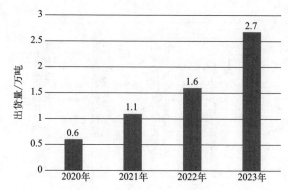

图 3.16 2020—2023 年中国硅基负极材料出货量预测趋势图

重中之重。

在锂离子电池制造中，负极材料中占有绝对地位的是人造石墨负极材料，在碳类负极材料中，石墨因其具有的特性，如层状结构、更有序、低结晶度、大层间距的结构特点（石墨为 0.334nm，硬碳为 0.36～0.38nm），有利于离子快速脱嵌，具备高容量、高倍率、低温性能好等电化学性能优点。石墨的微观结构如图 3.17 所示。

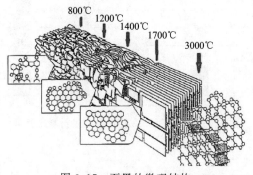

图 3.17 石墨的微观结构

石墨的生产工艺中，原材料并不复杂。一般把要进行加工的原材料叫骨料，人造石墨的骨料分为煤系、石油系以及煤和石油混合系三大类，其中煤系针状焦、石油系针状焦以及石油焦应用最广。一般来讲，高比容量的负极采用针状焦作为原材料，普通比容量的负极采用价格更便宜的石油焦作为原料。沥青则作为黏结剂。所以主要原材料就两个：焦和黏结剂。

在石墨化前，破碎是把两种原材料（焦和沥青）分别进行一个物理破碎整形和两个平行工艺，然后按照一定的比例掺杂到一块进行造粒。造粒主要通过升温让沥青包覆改性，后面通过整形就到了石墨化工序。

石墨化是非石墨质炭经高温热处理，充分利用电阻热把炭质材料加热到

2300～3000℃，转变成具有石墨三维规则有序结构的石墨质炭，使无定形乱层结构的炭转化成有序的石墨晶质结构的过程。

整个过程是石墨晶质结构转化。原子重排的能量来源于高温热处理，使用高温热处理对原子重排及结构转变提供能量，这一过程需要消耗大量能量，随着热处理温度的提高，石墨层间距逐渐变小，一般在 0.343～0.346nm 之间，一般温度到 2500℃时变化显著，到 3000℃时变化逐渐缓慢，直至完成整个石墨化过程。石墨实物图如图 3.18 所示。

图 3.18 石墨实物图

石墨化是为了提高炭材料的热、电传导性（电阻率降低到原先的五分之一到四分之一，导热性能提高 10 倍左右），提高炭材料的抗热振性和化学稳定性（线胀系数降低 50％～80％），使炭材料具有润滑性和抗磨性，提高炭材料纯度。

在石墨化的同时，高温还能够实现提纯除杂的目的。当石墨化温度提高到接近 2200℃时，锂离子电池负极材料的杂质基本上已经被排除。

3.2.3 无定形碳

碳基材料分类如图 3.19 所示。

图 3.19 碳基材料分类

无定形碳是非晶态的，包括硬碳和软碳这两种材料。从总体上看其碳层由杂乱无序的原子凝集体组成，即呈现所谓无定形，因此称为无定形碳。无定形碳中还含有大量二维的石墨层面或三维石墨微晶，且其微晶边缘上还存在大量不规则的键，因此其不能用单一的石墨碳层结构模式来代表这一大类物质，这也导致其理论计算时模型构建困难。

（1）硬碳

是一种即使在 2500℃以上也难以石墨化的碳，因其较高的机械硬度而得名。硬碳的形态可以是球形的、线状的或多孔的。硬碳前驱体一般为热固性材料，因此在材料合成过程中其通常能够保持前驱体的形貌。高温碳化后硬碳中的短石墨烯片（也称为石墨域或伪石墨）呈短程有序排列，形成 2 到 6 层不等的有限堆叠。硬碳的微观结构如图 3.20 所示。

（2）软碳

是一种低温碳化下形成石墨化程度较低的无定形碳，而在 2500℃以上的高

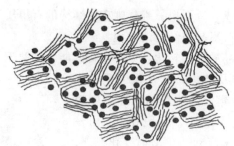

图 3.20　硬碳的微观结构

温碳化下能够完全石墨化形成具有较高石墨化程度的碳材料。例如煤、沥青、石油焦等。软碳的微观结构如图 3.21 所示。

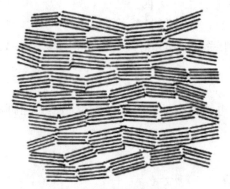

图 3.21　软碳的微观结构

3.2.4　SiO$_x$/C 复合材料

Si 具有理论容量高（4200mAh/g）、脱锂电压低（0.37V，相对 Li/Li）的优点，是一种非常有发展潜力的锂离子电池负极材料。但单质 Si 不能直接作为锂离子电池负极材料使用。Si 在充放电过程中体积变化高达 310%，易引起电极开裂和活性物质脱落。此外，Si 的电导率低，仅为 6.7×10S/cm，导致电极反应动力学过程较慢，限制其比容量的发挥，倍率性能较差。通过对 Si 基材料进行纳米化、与（活性/非活性）第二相复合、形貌结构多孔化、使用新型黏结剂、电压控制等多种手段来提高其电化学性能，这些方法在一定程度上均对提升 Si 基材料性能有一定效果。其中 SiO/C 复合材料的电化学性能有了明显提高，已经达到了商业化水平。硅基电池负极如图 3.22 所示。

SiO/C 复合材料的电化学性能与 SiO 的氧含量 x 密切相关。SiO 的比容量通常随着 x 的升高而逐渐下降，而循环性能却有所改善。目前研究最为广泛的工业 SiO 的首次嵌锂比容量为 2400～2700mAh/g，脱锂比容量为 1300～1500mAh/g，首次库仑效率为 50% 左右。SiO 的充放电电压在 0～0.5V 之间。

典型的 SiO 的首次充放电曲线如图 3.23 所示。

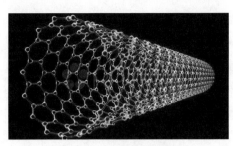

图 3.22　硅基电池负极

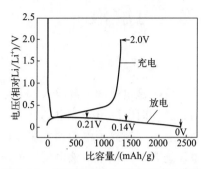

图 3.23　典型的 SiO 的首次充放电曲线

SiO 与碳复合形成的 SiO/C 复合材料，能够降低材料整体的体积膨胀，同时起到抑制活性物质颗粒团聚的作用，进而提高材料的循环性能。碳的电导率较高，可以提高导电性。石墨、石墨烯、热解炭等多种类型的碳材料可与 SiO 复合制备负极材料。

3.2.5　Sn 基复合材料

金属锡可以和 Li 形成 Li_2Sn_5、Li_7Sn_3、Li_7Sn_2 等多种合金，最大嵌锂数为 4.4，理论比容量达 994mAh/g；同时锡负极堆积密度高，不存在溶剂共嵌入效应，是高容量锂离子电池负极材料的研究热点。但锡负极在充放电过程中体积膨胀倍数大（>300%），电极材料结构容易粉化，大大降低了电池的循环性能。为此，通过引入 Cu、Sb、Ni、Mn、Fe 等金属元素或碳等非金属元素，以合金化、复合化和颗粒细化的方式来稳定锡基材料的结构，提高循环性能。

3.2.6　钛基材料

钛氧化物 LiTiO 可以看成反尖晶石结构，属于 Fd3m 空间群，FCC 面心立方结构。在 LiTiO 晶胞中，32 个 O 按立方密堆积排列，占总数 3/4 的锂离子 Li 被 4 个氧离子近邻作正四面体配体嵌入间隙，其余的锂离子和所有钛离子 Ti 离子占据 16d 的位置，结构又可表示为 Li[Li/Ti/]O。LiTiO 为白色晶体，晶胞参数 a 为 0.836nm，电子电导率为 10S/m。钛氧化物微观结构如图 3.24 所示。

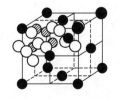

八面体间隙
（共32个）

四面体间隙
（共32个）

图 3.24　钛氧化物微观结构

3.3 电解液

3.3.1 电解质简介

电解质是电池的重要组成部分之一，是在电池内部正、负极之间建立离子导电通道，同时阻隔电子导电的物质，因此锂离子电池的电化学性能与电解质的性质密切相关。锂离子电池通常采用的有机电解质，稳定性好，电化学窗口宽，工作电压通常比使用水溶液电解质的电池高出 1 倍以上，为 4V 左右。这些特性使锂离子电池具备了高电压和高比能量的性质。但是有机电解质导电性不高，热稳定性较差，导致锂离子电池存在安全隐患。装电解液的专用不锈钢桶如图 3.25 所示。

图 3.25　装电解液的专用不锈钢桶

要保证锂离子电池具有良好的电化学性能和安全性能，电解质体系需要具备如下特点。

① 在较宽的温度范围内离子电导率高、锂离子迁移数大，减少电池在充放电过程中的浓差极化，提高倍率性。

② 热稳定性好，保证电池在合适温度范围内使用。

③ 电化学稳定好，最好有 0～5V 的电化学稳定性。

④ 化学性质稳定，保证电解质在两极不发生显著的副反应，满足在电化学过程中电极反应的单一。

⑤ 电解质代替隔膜使用时，还要具有良好的力学性能和可加工性。

⑥ 安全性好，闪点高或不燃。

⑦ 价格成本低，无毒物污染，不会对环境造成危害。

锂离子电池电解质可以分为液态有机液体电解质、半固态（凝胶聚合物）电解质、固体聚合物电解质和无机固体电解质四种。

• 液态有机液体电解质：有一定流动性，Li 离子浓度较低，Li 离子位置不固定，电导率高，易燃，价格较高，无离子配位，离子交换数高。

- 半固态（凝胶聚合物）电解质：有一定韧性，Li 离子浓度较低，Li 离子位置相对固定，电导率较高，安全性较好，价格较高，有离子配位，离子交换数低。

- 固体聚合物电解质：有一定韧性，Li 离子浓度较低高，Li 离子位置相对固定，电导率较低，安全性好，价格较高，无离子配位，离子交换数一般为 1。

- 无机固体电解质：有一定脆性，Li 离子浓度较低，Li 离子位置固定，电导率低，安全性好，价格较低，无离子配位，离子交换数一般为 1。

3.3.2　液态电解液

液态电解质也称为电解液。锂离子电池常用的有机液体电解质，也称非水液体电解质。有机液体电解质由锂盐、有机溶剂和添加剂组成。

① 锂盐：主要起到提供导电离子的作用。六氟磷酸锂（$LiPF_6$）是商业化锂离子电池采用最多的锂盐。纯净的 $LiPF_6$ 为白色晶体，可溶于低烷基醚、腈、吡啶、酯、酮和醇等有机溶剂，难溶于烷烃、苯等有机溶剂。$LiPF_6$ 电解液的电导率较大，在 20℃时，电导率可达 $10 \times 10S/cm$。电导率通常在电解液浓度接近 1mol/L 时有最大值。$LiPF_6$ 的电化学性能稳定，不腐蚀集流体。但是 $LiPF_6$ 热稳定性较差，遇水极易分解，导致在制备和使用过程中需要严格控制环境水分含量。

② 有机溶剂：主要作用是溶解锂盐，使锂盐电解质形成可以导电的离子。常用的有碳酸丙烯酯、碳酸二甲酯和碳酸二乙酯等。

有机溶剂一般选择介电常数高、黏度小的有机溶剂。介电常数越高，锂盐就越容易溶解和解离；黏度越小，离子移动速度越快。但实际上介电常数高的溶剂黏度大，黏度小的溶剂介电常数低。因此，单一溶剂很难同时满足以上要求，锂离子电池有机溶剂通常采用介电常数高的有机溶剂与黏度小的有机溶剂混合来弥补各组分的缺点。

③ 添加剂：一般起到改进和改善电解液电性能和安全性能的作用。一般来说，添加剂主要有三方面的作用：

a. 改善 SEI 膜的性能，如添加碳酸亚乙烯酯（VC）、亚硫酸乙烯酯（ES）和 SO 等。

b. 防止过充电（添加联苯）、过放电。

c. 阻燃添加剂可避免电池在过热条件下燃烧或爆炸，如添加卤系阻燃剂、磷系阻燃剂以及复合阻燃剂等。

d. 降低电解液中的微量水和 HF 含量。

电解液的物理化学性质包括电化学稳定性、传输性质、热稳定性等性质，锂离子电池的性能与电解液的物理化学性质密切相关。

① 电化学稳定性：电解液的电化学稳定性可以采用电化学窗口表示，指的

是电解液发生氧化反应和还原反应的电位之差。

② 传输性质：电解液在正负极材料之间起到传递物质和电量的作用，其传输性质对锂离子电池电化学性能影响很大。电解液的传输性质与其黏度和电导率有关。

③ 热稳定性：电解液的热稳定性对锂离子电池的高温性能和安全性能有着至关重要的影响。电解液的热稳定性与锂盐和溶剂有关。

④ 相容性：电解液与电极之间发生电化学反应，包括正常的嵌入和脱出反应，还有其他副反应。所谓相容性好就是限制副反应发生程度，维持正常嵌入和脱出反应，获得良好的电池性能。相容性也是电解液与负极和正极匹配性的问题，主要体现在锂盐、溶剂和添加剂与正负电极的匹配性上。

3.3.3 半固态电解液

凝胶聚合物电解质（GPE）是液体与固体混合的半固态电解质，聚合物分子呈现交联的空间网状结构，在其结构孔隙中间充满了液体增塑剂，锂盐则溶解于聚合物和增塑剂中。其中聚合物和增塑剂均为连续相。凝胶聚合物电解质减少了有机液体电解质因漏液引发的电极腐蚀、氧化燃烧等生产安全问题。

凝胶聚合物电解质的相存在状态复杂，由结晶相、非晶相和液相三个相组成。其中结晶相由聚合物的结晶部分构成，非晶相由增塑剂溶胀的聚合物非晶部分构成，而液相则由聚合物孔隙中的增塑剂和锂盐构成。在凝胶聚合物中，聚合物之间呈现交联状态，其交联方式有物理和化学两种方式。物理交联是指聚合物主链之间相互缠绕或局部结晶而形成交联的方式；化学交联是指聚合物主链通过共价键形成交联的方式，交联点具有不可逆性，并且稳定。化学交联由于不形成结晶，其交联点体积很小，几乎不增加对导电不利的体积分数，在凝胶聚合物电解质中具有更大的优势。

目前商业化运用的聚合物锂离子电池通常是凝胶聚合物电解质电池。常用的凝胶聚合物包括：聚偏氟乙烯（PVDF）、偏氟乙烯六氟丙烯共聚物［P（VDFHFP）］、聚氧化乙烯（PEO）、聚丙烯腈（PAN）、聚甲基丙烯酸甲酯（PMMA）等。

PVDF系凝胶聚合物电解质首先在锂离子电池中获得实际应用，聚合物基体主要是聚偏氟乙烯（PVDF）和偏氟乙烯六氟丙烯共聚物［P（VDFHFP）］。PVDF是生产聚合物电解质的较为理想的基质材料，部分产品已经先后在美国、日本和中国实现产业化。凝胶聚合物电解质具有导电作用和隔膜作用。离子导电以液相增塑剂中导电为主。在凝胶聚合物电解质中增塑剂含量有时可以达到80%，电导率接近液态电解质。导电性与增塑剂含量有关，一般增塑剂含量越大，则导电性越好。与液体电解质不同，凝胶电解质还可以作为电解质膜起到隔膜作用。因此凝胶聚合物电解质要求既保持高的导电性，同时具有符合要求的机械强度。但这两个要求是难以调和的，一方面要求增塑剂与聚合物基体具有亲和性和溶胀性，增大增塑剂含量，这样聚合物电解质的持液性好，导电性好；一方面聚合物的溶胀和增塑剂含量的增加，都势必导致凝胶聚合物电解质隔膜的强度下降。

与液态电解质相比，半固态的凝胶电解质具有很多优点：安全性好，在遇到如过充过放、撞击、碾压和穿刺等非正常使用情况时不会发生爆炸；采取软包装铝塑复合膜外壳，可制备各种形状电池、柔性电池和薄膜电池；不含或含有的液态成分很少，比液态电解质的反应活性要低，对于炭电极作为负极更为有利；凝胶电解质可以起到隔膜使用，可以省去常规的隔膜；可将正负极黏结在一起，电极接触好；可以简化电池结构，提高封装效率，从而提高能量和功率密度，节约成本。但凝胶电解质也存在一些缺点：电解质的室温离子电导率是液态电解质的几分之一甚至几十分之一，导致电池高倍率充放电性能和低温性能欠佳；力学性能较低，很难超过聚烯烃隔膜；生产工艺复杂，电池生产成本高。

3.3.4　固态电解质

固态电解质可分为固体聚合物电解质和无机固体电解质两种。

（1）固体聚合物电解质具有不可燃、与电极材料间的反应活性低、柔韧性好等优点。固体聚合物电解质是由聚合物和锂盐组成，可以近似看作是将盐直接溶于聚合物中形成的固态溶液体系。

（2）无机固体电解质一般是指具有较高离子电导率的无机固体物质，用于锂离子电池的无机固体电解质也称为锂快离子导体。

3.4　隔膜

3.4.1　隔膜的种类和要求

锂离子电池隔膜是一种多孔塑料薄膜，能够保证锂离子自由通过形成回路，同时阻止两电极相互接触，起到电子绝缘作用。在温度升高时，有的隔膜可通过隔膜闭孔功能来阻隔电流传导，防止电池过热甚至爆炸。虽然隔膜不参与电池的电化学反应，但隔膜厚度、孔径大小及其分布、孔隙率、闭孔温度等物理化学性能与电池的内阻、容量、循环性能和安全性能等关键性能都密切相关，直接影响电池的电化学性能。尤其是对于动力锂离子电池，隔膜对电池倍率性能和安全性能的影响更显著。

隔膜的种类有：湿法聚烯烃多孔膜、干法聚烯烃多孔膜和有机/无机复合膜。锂离子隔膜纸如图 3.26 所示。

图 3.26 锂离子隔膜纸

锂离子电池中隔膜的要求：

① 具有电子绝缘性，保证正负极的机械隔离。

② 有一定的孔径和孔隙率，保证低的电阻和高的离子电导率，对锂离子有很好的透过性。

③ 由于电解质的溶剂为强极性的有机化合物，隔膜必须耐电解液腐蚀，有足够的化学和电化学稳定性。

④ 对电解液的浸润性好并具有足够的吸液保湿能力。

⑤ 具有足够的力学性能，包括穿刺强度、抗拉强度等，厚度尽可能小，平整性好。

⑥ 热稳定性和自动关断保护性能好。

3.4.2 干法聚烯烃多孔膜

单层 PP 膜、三层 PP/PE/PP 复合膜通常采用干法制备，单层 PE 膜也可以采用干法制备。干法制膜是将聚烯烃薄膜进行单向或双向拉伸形成微孔的制膜方法。干法聚烯烃多孔膜具有扁长的微孔结构。干法制备聚烯烃过程中，高聚物熔体挤出时在拉伸应力下结晶，形成垂直于挤出方向而又平行排列的片晶结构，并经过热处理得到硬弹性材料，再经过拉伸后片晶之间分离而形成狭缝状微孔，最后经过热定型制得微孔膜。干法制备聚烯烃膜分为单向拉伸和双向拉伸两种工艺。干法单向拉伸如图 3.27 所示。

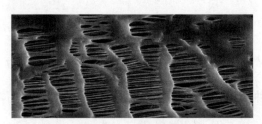

图 3.27 干法单向拉伸

干法双向拉伸具有工艺相对简单、生产效率高、生产成本更低等优点。但所制备的产品仍存在孔径分布过宽、厚度均匀性较差等问题，且没有三层隔膜的中间层熔断功能，难以在高端领域拓展应用。

3.4.3 湿法聚烯烃多孔膜

单层 PE 膜通常采用湿法制备。湿法又称相分离法或热致相分离法，是将高沸点的烃类液体或低分子量的物质作为成孔剂与聚烯烃树脂混合，将混合物加热熔融后降温进行相分离，然后压制成薄片，再以纵向或双向对薄片进行取向拉伸，最后用易挥发的溶剂萃取残留在膜中的成孔剂，或者直接烘干蒸发掉成孔剂，即可制备出两侧贯通的微孔膜材料。采用该法生产隔膜的微孔形状类似圆形的三维纤维状，孔径较小且分布均匀，微孔内部形成相互连通的弯曲通道，可以得到更高的孔隙率和更好的透气性。湿法双向拉伸方法生产的隔膜由于经过双向拉伸，具有较高的纵向和横向强度。但是湿法工艺需要大量的溶剂，容易造成成本升高和环境污染。另外，单层 PE 的熔点只有 140℃，热稳定性不如 PP 膜，并且生产成本较高。湿法隔膜如图 3.28 所示。

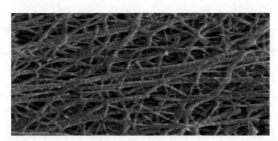

图 3.28　湿法隔膜

3.4.4　无机/有机复合膜

有机-无机复合膜因包含有机高分子和无机材料两种组分，与有机膜和无机膜均有明显不同，其特点可从多重作用、多级结构、多相和多功能等四个方面描述。

① 多重作用。复合膜中，有机组分与无机组分间常存在多种相互作用，包括氢键、π-π 作用、范德华力等较弱的物理作用力，络合作用等中等强度的化学作用力，以及共价键、离子键等较强的化学作用力。

② 多级结构。复合膜的结构特点不仅涉及有机和无机两种组分各自的结构特性，如填充剂的维度、尺寸、孔径和表面粗糙度、高分子链长、卷曲度、链间距和微相尺寸等，还涉及二者间的界面结构等。

③ 多相。复合膜内含有机相、无机相以及两相界面处多种相互作用形成的界面相区。

④ 多功能。复合膜内的填充剂，特别是多孔填充剂，不仅为膜提供了丰富孔隙，而且可通过干扰高分子链段排布增加复合膜的自由体积，从而提高渗透性，抑或是增强高分子链的刚性，从而提升复合膜的选择性。还可通过填充剂引入功能基团，增强对目标分子的化学选择性。此外，填充剂的加入可调节膜的亲疏水特性，抑制膜的溶胀，提高膜的抗溶剂能力、抗老化和抗塑化能力，增强膜在各种分离条件下的稳定性。

3.5 其他材料

3.5.1 黏结剂

绝大多数的活性物质都使用粉体材料，因此黏结剂是制备电极制作中必不可少的关键材料，它用于连接颗粒状的电极活性材料、导电剂和电极集流体，使它们之间具有良好的电子导电网络，从而在电池的充放电循环中，使得电子能够在锂离子嵌入活性材料时迅速抵达，以完成电荷平衡过程。

① 黏结剂将极片的各个组分如活性物质、导电剂、集流体等黏结在一起形成稳定的极片结构，同时使活性物质和导电剂更好地接触以形成良好的导电网络。

② 黏结剂还可以起到缓解正负极材料在脱嵌锂过程中的体积膨胀收缩作用，稳定极片的内部结构以获得良好的循环性能。

③ 在生产过程中，黏结剂溶解于溶剂中形成胶状溶液，配料时活性物质和导电剂可以很好地悬浮于胶状溶液中形成分散良好且不易沉降的浆料便于后续的涂布。黏结剂如图 3.29 所示，电池结构中的黏结剂如图 3.30 所示。

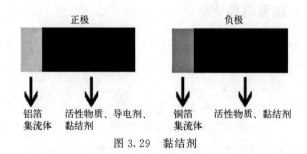

图 3.29　黏结剂

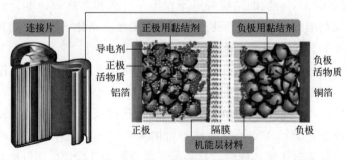

图 3.30　电池结构中的黏结剂

黏结剂用量占正负极活性物质的 5%～8%（成本约占电池制造成本的 1%），其性能对锂离子电池的正常生产和最终性能都有很大影响。锂离子电池的许多电化学性能，如稳定性、不可逆容量损失等性能与黏结剂的性质有着密切关系，应用高性能黏结剂是优化锂离子电池性能的一个重要发展方向。黏结剂在电池生产中的位置如图 3.31 所示。

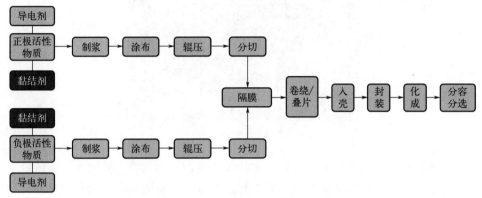

图 3.31　黏结剂在电池生产中的位置

电池黏结剂通常需要具有如下特性：

① 黏结性能好，抗拉强度高柔性好；

② 化学稳定性和电化学稳定性好，在存储和循环过程中不反应，不变质；

③ 在浆料介质中分散性好，有利于将活性物质均匀地黏结在集流体上；

④ 在电解液中不溶胀或溶胀系数小；

⑤ 对电极中电子和离子在电极中传导的影响小；

⑥ 使用安全，成本低廉。

3.5.2　导电剂

锂离子电池在充放电循环中，正负极极片上有电流通过时，就会有净反应发生，表明电极失去了原有的平衡状态，电极电位将偏离平衡电位，就产生了常说的极化。锂离子电池极化可以分为欧姆极化、电化学极化和浓差极化三种。极化电压是锂离子电池内部电化学反应的重要参数，如果极化电压长期不合理，则会导致负极锂金属析出加快，严重情况下会刺穿隔膜导致短路。锂离子电池初期实验数据，单纯依靠活性物质的导电性是不足以满足电子迁移速率要求的，为了使电子能够快速移动归位，出现了导电剂。

导电剂的首要作用是提高电子电导率。导电剂在具活性物质之间、活性物质与集流体之间起到收集微电流的作用，以减小电极的接触电阻、提高锂离子电池中电子的迁移速率、降低电池极化。此外，导电剂也可以提高极片加工性，促进电解液对极片的浸润，从而提高锂离子电池的使用寿命。导电剂如图 3.32 所示。

图 3.32　导电剂

常用的锂离子电池导电剂可以分为传统导电剂（如炭黑、导电石墨、碳纤维等）和新型导电剂（如碳纳米管、石墨烯及其混合导电浆料等）两种。市面上的导电剂型号有 SPUERLi、S-O、KS-6、KS-15、SFG-6、SFG-15、350G、乙炔黑（AB）、科琴黑（KB）、气相生长碳纤维（VGCF）、碳纳米管（CNT）等。

① 炭黑。炭黑在扫描电镜下呈链状或葡萄状，单个炭黑颗粒具有非常大的比表面积（$700m^2/g$）。炭黑颗粒的高比表面积、堆积紧密有利于颗粒之间紧密接触在一起，组成了电极中的导电网络。比表面较大带来的工艺问题是分散困难、具有较强的吸油性，这就需要通过改善活性物质、导电剂的混料工艺来提高其分散性，并将炭黑量控制在一定范围内（通常是 1.5% 以下）。

② 导电石墨。导电石墨也具有较好的导电性，其本身颗粒接近活性物质颗粒粒径，颗粒与颗粒之间呈点接触的形式，可以构成一定规模的导电网络结构，提高导电速率的同时用于负极时更可提高负极容量。

③ 碳纤维（VGCF）。导电碳纤维具有线性结构，在电极中容易形成良好的导电网络，表现出较好的导电性，因而可减轻电极极化、降低电池内阻及改善电池性能。在碳纤维作为导电剂的电池内部，活性物质与导电剂接触形式为点线接触，相比于导电炭黑与导电石墨的点点接触形式，不仅有利于提高电极导电性，更能降低导电剂用量，提高电池容量。

④ 碳纳米管（CNT）。CNT 可以分为单壁 CNT 和多壁 CNT，一维结构的碳纳米管与纤维类似呈长柱状，内部中空。利用碳纳米管作为导电剂可以较好地布起完善的导电网络，其与活性物质也是呈点线接触形式，对于提高电池容量（提高极片压实密度）、倍率性能、电池循环寿命和降低电池界面阻抗具有很大的作用。目前，比亚迪、中航锂电部分产品使用 CNT 作为导电剂，经反映具有不错的效果。碳纳米管可分为纠缠式和阵列式两种成长状态，无论是哪种形式其应用于锂离子电池中都存在一个问题就是分散，目前可以通过高速剪切、添加分散剂、做成分散浆料、超细磨珠静电分散等工艺解决。

⑤ 石墨烯。石墨烯作为新型导电剂，由于其独特的片状结构（二维结构），与活性物质的接触为点-面接触而不是常规的点点接触形式，这样可以最大化地发挥导电剂等作用，减少导电剂的用量，从而可以多使用活性物质，提升锂离子电池容量。但是由于其成本较高、分散困难、具有阻碍锂离子传输等弊端，故尚未完全被工业化应用。

⑥ 二元、三元导电浆料。在最新的研究进展中，部分锂离子电池选用的导电剂是 CNT、石墨烯、导电炭黑之间两者或三者的混合浆料。将导电剂复合做成导电浆料是工业应用的需求，也是导电剂之间相互协同、激发作用的结果。无论是炭黑、石墨烯还是 CNT，其三者单独使用已经有很大的分散难度，如果想要将其与活性物质均匀混合，则需要在未进行电极浆料搅拌之前，将其分散开然后再投入使用。

导电剂的形态、种类各异，其微观结构是影响导电性能的重要因素。从炭黑的颗粒状到碳纤维、CNT 的一维结构再到现在的石墨烯二维片状结构，这是一个不断改进的过程。在实际应用中，炭黑作为导电剂应用已经非常广泛，工艺也非常成熟了。CNT 作为导电剂应用于动力电池已经过较多厂商试验、应用，取得了很好的效果。但是石墨烯由于其成本、工艺问题，还没有大面积应用于导电剂行业。每种导电剂都各有其优势，取长补短、多元混合的导电浆料将是未来导电剂的主流发展方向。

3.5.3　壳体、极耳和集流体

(1) 壳体

锂离子电池的外壳主要有钢壳和铝壳两种类型。

① 钢壳。早期方形锂离子电池大多为钢壳，多用于手机电池，后由于钢壳重量比能量低，且安全性差，逐步被铝壳和软包装锂离子电池所替代。

但在柱式锂离子电池当中，绝大部分厂商都以钢材作为电池外壳材质，因为钢质材料的物理稳定性、抗压力远远高于铝壳材质，在各个厂家的设计结构优化后，安全装置已经放置在电池芯内部，钢壳柱式电池的安全性已经达到了一个新的高度，目前绝大部分的笔记本电脑电池的电芯均以钢壳作为载体。锂离子电池壳体如图 3.33 所示。

② 铝壳。铝壳是一种用铝合金材料制造出来的电池外壳，主要应用于方形锂离子电池上，锂电采用铝壳包装的原因在于它的重量轻、比钢壳更安全。

铝壳设计有方角和圆角两种。铝壳的材质一般为铝锰合金，它含有的重要合金成分有 Mn、Cu、Mg、Si、Fe 等，这五种合金在锂离子电池铝壳中发

图 3.33　锂离子电池壳体

挥着不同的用途，如 Cu 和 Mg 是提高强度与硬度，Mn 提高耐腐蚀性，Si 能增强含镁铝合金的热处理效果，Fe 可以提高高温强度。

铝壳合金材料构造有着显著的安全性能考虑，这种安全性能可以用材质厚度与线胀系数来表示。同样容量的锂离子电池之所以比钢壳的轻，就是因为铝壳可以做得更薄。

（2）极耳

极耳是软包锂离子电池产品的一种组件。

电池分为正极和负极，极耳就是从电芯中将正负极引出来的金属导电体，电池正负两极的耳朵是在进行充放电时的接触点。电池的正极使用铝（Al）材料，负极使用镍（Ni）材料，负极也有铜镀镍（Ni-Cu）材料，它们都是由胶片和金属带两部分复合而成。锂离子电池的极耳如图 3.34 所示。

图 3.34　锂离子电池的极耳

（3）集流体

集流体是锂离子电池中不可或缺的组成部件之一，它不仅能承载活性物质，而且还可以将电极活性物质产生的电流汇集并输出，有利于降低锂离子电池的内阻，提高电池的库伦效率、循环稳定性和倍率性能。锂离子电池的集流体如图 3.35 所示。

图 3.35　锂离子电池的集流体

理想的锂离子电池集流体应满足以下几个条件：电导率高、化学与电化学稳定性好、机械强度高、与电极活性物质的兼容性和结合力好、价格低廉、重量轻。

但在实际应用过程中，不同的集流体材料仍存在一些问题，因而不能完全满足上述多尺度需求。如铜在较高电位时易被氧化，适合用作负极集流体。而铝作为负极集流体时腐蚀问题则较为严重，适合用作正极的集流体。

集流体目前的发展趋势主要是轻薄化。在整个锂离子电池中，集流体占据了不小的重量组分，但本身并不提供能量密度，轻薄化是高能量密度锂离子电池的需求。

复合集流体具有改善热失控、提升电池安全性、重量轻、单位面积所耗原料和能耗低等特点，正好解决锂离子电池目前发展痛点。同时，复合集流体相比于传统金属集流体材料的成本优势明显，将有望成为锂离子电池中的主流结构材料。复合集流体是一种以高分子 PET/PP 等有机高分子材料作为支撑层，上下两面沉积金属（铜或铝）镀制成"金属导电层—PET/PP 高分子材料支撑层—金属导电层"三明治结构的新型复合箔材。复合铜箔和复合铝箔分别作为负极集流体和正极集流体，替代传统电解铜箔和压延铝箔应用于锂离子电池。

① 复合集流体能改善热失控，从而增强电池安全性。复合集流体的"三明治结构"可实现"短路效应"，同时能显著提高热稳定性。当电池受到外力撞击断裂时几乎不产生金属毛刺，避免刺破电池隔膜，降低电池短路的风险，大大提升了电池安全性。另外即使是电池因穿刺等原因造成了内短路，由于复合集流体的熔断作用，使得短路不能持续，因而避免了出现电池燃烧、爆炸的风险。

② 复合集流体重量更轻，有利于提升电池能量密度。复合集流体在厚度不变的情况下，金属用量大幅度减少，使其重量减轻。这也让锂离子电池内金属的使用量降低，在同样重量下能量密度得以提升，从而提升锂离子电池的续航能力。

③ 复合集流体所用金属材料减少，有利于降低原料成本。以 $6\mu m$ 复合铜箔为例，其原料成本约为 1.62 元$/m^2$，对比同等厚度传统电解铜箔的 3.35 元$/m^2$，原料成本降低 50% 以上。随着制备装备的技术进步，复合集流体的原料成本仍存在较大下降空间。

第4章
锂离子电池的PACK

4.1 锂离子电池 PACK 概况

4.1.1 锂离子电池 PACK 的定义

电池 PACK 指的是组合电池，主要指锂离子电池组的加工组装，主要是将电芯、电池保护板、电池连接片、标签纸等通过电池 PACK 工艺组合加工成客户需要的产品。锂离子电池 PACK 系统利用机械结构将众多单个电芯通过串并联连接起来，并考虑系统机械强度、热管理、BMS 匹配等问题。其主要的技术体现在整体结构设计、焊接和加工工艺控制、防护等级、主动热管理系统等。

电池 PACK 现在主要集中在锂离子电池组 PACK 厂，它们都拥有自己的 PACK 结构设计、PACK 电子设计和 PACK 生产车间，能根据客户的需求进行自主开发设计，通过电池方案、电池规格书、电池样品满足客户的锂离子电池 PACK 定制需求后，再让 PACK 车间的 PACK 生产线进行生产加工，品质检验合格后出货。PACK 好的锂离子电池如图 4.1 所示。

PACK 包括电池组、汇流排、软连接、保护板、外包装、输出（包括连接器）以及青稞纸、塑胶支架等辅助材料。锂离子电池的 PACK 如图 4.2 所示。

图 4.1　PACK 好的锂离子电池

图 4.2　锂离子电池的 PACK

4.1.2　锂离子电池 PACK 的流程

以电芯为 18650 的锂离子电池为例，锂电池 PACK 组装流程如图 4.3 所示。

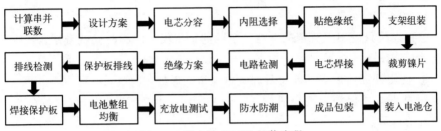

图 4.3　锂电池 PACK 组装流程

① 先对电芯进行分容配组，使其具有一致性。合理分选，把性能参数相近的电芯放在一个电池组里使用，使电芯初始的状态一致，有人工分选和机器设备自动分选。电芯进行分容配组如图 4.4 所示。

② 挑选合适的电池支架，并将分容配组好的电芯嵌入其中，做好绝缘。电池装入电池支架如图 4.5 所示。

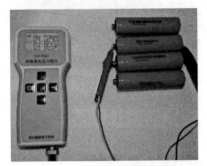

图 4.4　电芯进行分容配组

图 4.5　电池装入电池支架

③ 剪出合适大小的镍片，通过点焊机进行焊接，并做好绝缘保护。

a. 导线焊接工艺

优点：操作简单，成本低，导线连接的柔性好。

缺点：容易产生锡珠。

b. 锡焊焊接工艺

优点：操作简单，成本低，适用范围广，但是不能焊接 18650 电池。

缺点：工作效率低，使用不当容易损坏电芯。

c. 电阻焊焊接工艺

优点：工作效率高，焊接的产品稳定牢固。

缺点：机器使用不当容易炸火或者粘针，焊针使用一段时间后需要调节，否则容易产生虚焊。

d. 激光焊焊接工艺

优点：效率高，焊接的产品一致性好，不损伤电芯。

缺点：设备成本高，后期维修价格比较昂贵。

e. 螺钉连接工艺

这种连接只适用于特定的电池，电池的正负极出厂的时候就带螺孔。焊接用的连接片如图 4.6 所示。

④ 使用纤维胶带或其他工具固定电池组，做好绝缘。

⑤ 排线焊接保护板到合适位置，做好绝缘，并测量电压。焊接好的电池组如图 4.7 所示。

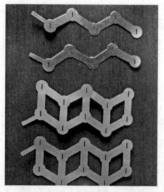
图 4.6　焊接用的连接片

图 4.7　焊接好的电池组

⑥ 进行老化测试，电池连接好以后，需要对电池组进行充放电测试，检测电池组的容量和电压放电时的变化范围。老化测试如图 4.8 所示。

图 4.8　老化测试

⑦ 包装环氧板，热缩 PVC 固定电池组。热缩 PVC 如图 4.9 所示。

⑧ 放入电池盒，固定好电池组，打密封防水胶。

a. 打螺钉

优点：固定牢固，返修容易。

缺点：如果不是机械化操作，效率很低。

b. PVC 热缩

优点：操作简单，成本低。

缺点：PVC 比较薄容易破，易老化，一般不单独使用 PVC 热缩膜封装。

图 4.9　热缩 PVC

c. 点胶黏结

优点：黏结牢固。

缺点：不利于返修，拆除后就报废。

d. 卡扣封装

优点：操作简单。

缺点：外壳缝隙不好控制。

e. 超声波塑焊

优点：一致性好，缝隙容易控制。

缺点：不容易维修，拆除之后，外壳就会报废。

f. 绝缘漆工艺

长期与外部空气接触，会有生锈的可能。加入绝缘油工艺，彻底防潮、防腐蚀、绝缘保护。

g. AB 电源胶工艺

很多的电源为了保护线路板，会采用电源胶工艺。电源胶工艺完全可以应用在锂离子电池组上。这样起到整体导热、防水、缓冲保护的功能，散热的效果好。

⑨ 焊接连接线，封盖并用螺钉固定。

4.2　锂离子电池 PACK 的材料

锂离子电池组主要由电芯、BMS、汇流排、硅胶导线、绝缘青稞纸、抗振 EV 泡棉、捆扎纤维胶带、环氧板、防水胶、电芯支架、电池外壳等构成。

4.2.1　锂离子电池 PACK 材料的选择

（1）电芯

目前使用的电芯还是以三元锂和磷酸铁锂为主，形状主要以圆柱为主，不过大单体电芯的 PACK 成本更低，对组装的工艺要求也更低，在低速动力电池领域越来越受到青睐。

设计一组电池选择电芯主要考虑的因素有：电压、容量、体积、成本等。以一组 60V 20Ah 的电池组为例,如果用 2000mAh 的 18650 三元锂电芯做的话,60V 的总电压就需要 60V/3.7V＝16.2 串,即需要 17 串串联,20Ah 的总容量就需要 20Ah/2Ah＝10 支,即需要 10 组电芯并联。电池组就是 10P17S,总共需要电芯 10P×17S＝170 支。可总结公式为:电池组总电压(V)/单支电芯标称电压(V)＝电池组的串联数量(S)。电池组总容量(Ah)/单支电芯标称容量(Ah)＝电池组每串的并联数量(P)。电池组的串联数量(S)×电池组的并联数量(P)＝电池组电芯的总数量。

好的电芯才能做出好的电池,因此在组装前必须经过一致性筛选,如果没有自动分选机也必须用内阻仪手动筛选,有些新手因为供应商已经做过分容配对就省略此步骤,这会给电池组埋下很大隐患。一致性筛选的原则是同一厂家同一批次的电芯配组,电压差不超过 5mV,内阻差不超过 3mΩ,如果采购电芯数量较少,达不到这个误差要求,也要尽可能选电压和内阻差别较小的电芯配组。因此在采购电芯时一致性和容量是最核心的指标。

(2) BMS 电池管理系统

BMS 最基本的工作原理是通过实时监测电池组中每一串电芯的电压,判断充放电电压是否在锂离子电池安全合理的范围内,以决定充放电过程是否继续进行。通过监测充放电电流判断电流大小是否在保护板额定电流的范围内,决定充放电过程是否继续进行,以保护电芯,实现自动均衡、防止过充、过放、过流、短路等。

当前,保护板的功能越来越多也更加智能化,但从成本上考量应该根据锂离子电池组的用途合理选择保护板的类型。保护板保护电流的大小要根据负载电机功率来计算,公式是:保护电流(A)＝电机功率(W)/电机电压(V)×2。例如一辆电动自行车电机功率是 800W,电压 60V,800W/60V×2＝26.67A,就可以选用 30A 或者 35A 的保护板。保护电流越大保护板价格越贵。低电压小容量的两轮电动车用锂离子电池就可以选择分口保护板,因为分口的充电电流比同口小,小容量的电池组也不需要大电流充电,就可以选择更便宜的分口板。而电压在 60V 及以上,负载 2000W 以上的高电压大容量电池组选择继电器式的 BMS 电池管理系统就更安全可靠。

(3) 汇流排

电芯在串并联的连接中主要使用镍带点焊、铜排或铝排激光焊、铜排或铝排螺栓紧固、金属导线锡焊连接等方式。

镍带点焊连接因为效率高、操作简单而被广泛应用,特别是 18650、32650、21700 等小型圆柱体电芯的组装基本都以镍片连接为主。而镍带的材质又以铁镀镍带的经济性应用最广,常用的厚度有 0.1～0.3mm,宽度有 8～25mm 以及各种支架专用镍片,主要根据电流的大小选择合适的厚度和宽度,横截面积越大承载电流的能力越强。

（4）电芯支架

支架能很好地固定电芯，避免电芯间的直接接触，减少短路的风险，增加电池组的稳定性。使用支架会增加电池组的体积，因此可根据使用场景的要求选择是否使用支架。

如果电池仓的空间有限，为了节省空间，可以选择不使用支架，不使用支架时，一定做好电池串联之间的绝缘，一般情况我们在每一串电池中间加一层0.5mm 厚的环氧板，用热熔胶把电芯固定在环氧板上。

（5）绝缘和防振材料

常用的绝缘材料有背胶青稞纸、环氧树脂板、硅胶板、黄蜡管、玻璃纤维穿线管等。常用的防振材料主要是 EVA 泡棉、珍珠棉等。

（6）外壳

外壳种类很多，主要有塑料材质和金属材质，一般小型电动自行车用小容量48V 8Ah、48V 12Ah 可直接用 PVC 热缩膜封装和塑料外壳封装，大容量的一般用冷轧板烤漆外壳、不锈钢外壳等金属外壳。

塑料外壳相对金属外壳有价格优势，重量轻、壳体绝缘，但强度不高、散热效果一般。金属外壳重量更大、强度更高、散热效果更好，但必须做好壳体绝缘工作。直接使用 PVC 热缩膜封装必须保证电池仓是密闭干燥的，且需要有一定强度的防护功能。

（7）其他辅材

主要辅材有固定用的热熔胶、双面胶、玻璃纤维胶带等，防水用的密封胶、有机硅胶，连接用的焊锡丝、高温硅胶线、品字形插头、安德森插头、T 形插头，显示电池组信息的电流电压表等。

（8）配件：锂离子电池专用充电器

锂离子电池充电以恒压恒流的模式充电，分三个阶段：第一阶段预充，第二阶段恒流充电，第三阶段恒压充电。充电时第一阶段和第三阶段占用时间较少，大部分时间是恒流充电，那么可以通过简单的计算算出充电时间，配充电器要把充电时间控制在 5～8h 之间，充电电流不宜过大，充电电流过大则充电器的成本增加，电池充电容易虚充，也就是说充的电不耐用。充电是电池化学反应的过程，充电过快对电芯也会产生一定的影响。充电电流不能过小，电流过小则影响使用。例如，电池的容量为 30Ah 时，如果 5h 充满，30Ah/5h＝6A，如果 8h 充满，30Ah/8h＝3.75A，配 4～6A 的充电器即可。

4.2.2　PACK 材料选择的技巧

PACK 结构设计不应仅仅停留在将电池单体简单串并联的层面，而应该更深层次地融入对轻量化、能量密度、热管理、电芯选择等因素的探索。其中"热"因素很大程度上影响电池组的结构设计，增加热管理，稳定电芯工作温度在最佳的工作范围，避免电芯因温度过高引起热失控。

电池组由 N 个锂电池单体经过串并联组成，锂电池是电池组内热量的主要来源，但其又对温度极其敏感，超过或低于一定温度则会造成锂电池工作异常甚至起火燃烧，造成不可逆的严重危害，因此研究热对结构设计的影响因素、均衡热量、为锂电池提供最佳的工作环境温度是必不可少的。

耐高压绝缘性能是电池组结构设计最重要的技术要求之一。电池组结构内部装载的是各种锂电池，电池成组后总电压及总电流会很大，其威力不可小觑，塑料具有很好的耐高压绝缘性，一般可采用强度和塑性较高的尼龙为原料，在材料中添加 5%～45% 的玻璃纤维，做玻璃纤维强化可提高结构强度和耐振动性。

除了绝缘耐高压，塑料的另一个显著优点是降低电池组的重量，提高蓄电池重量比能量密度，增加续航。

为了确保安全，电池组 PACK 设计中的阻燃要求应避免添加卤系添加剂，成品中不应含有铅（Pb）、镉（Cd）、汞（Hg）、六价铬［Cr(Ⅵ)］、多溴联苯（PBBs）、多溴二苯醚（PBDEs）、邻苯二甲酸酯（DBP、BBP、DEHP、DIBP）等有害成分。

4.3 锂离子电池 PACK 的焊接

锂离子电池焊接的要求：

① PACK 锂离子电池组要求电池具有高度的一致性（容量、内阻、电压、放电曲线、寿命）。

② 电池组的循环寿命低于单只电池的循环寿命。

③ 在限定的条件下使用（充电和放电电流、充电方式、温度等）。

④ 锂离子电池组 PACK 成型后电池电压及容量有很大提高，必须加以保护，对其进行充电均衡、温度、电压及过流检测。

⑤ 电池 PACK 必须达到设计需要的电压、容量要求。

4.3.1 锂离子电池串并联特点和计算公式

(1) 锂离子电池设计、组装遵循的原则

① 选择使用满足要求的电芯和保护板；

② 组装工艺简洁化；

③ 放电方案最优化；

④ 成本最低化（保证产品质量为前提）；

⑤ 包装的可靠性、美观性、安全性；

⑥ 检测容易实现；

⑦ 方便电池组的后期维护和维修；

⑧ 电芯分容配组做到高度一致（容量一致、内阻一致、电压一致、放电曲线一致、电芯寿命一致）。

（2）锂离子电池组容量和电压的计算方法

① 串联及串联特点。

串联：串联就是两个元件的头尾相连，接入电路通过的电流处处相同，电压不同。串联电路如图 4.10 所示。

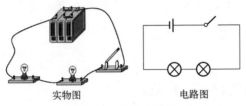

实物图　　　　　　　　　　电路图

图 4.10　串联电路图

串联特点：

串联电路电流处处相等，$I_{总}=I_1=I_2=I_3=\cdots=I_n$

串联电路总电压等于各处电压之和：$U_{总}=U_1+U_2+U_3+\cdots+U_n$

串联电路的等效电阻等于各电阻之和：$R_{总}=R_1+R_2+R_3+\cdots+R_n$

串联电路总功率等于各功率之和：$P_{总}=P_1+P_2+P_3+\cdots+P_n$

串联电容器的等效电容量的倒数等于各个电容器的电容量的倒数之和。

串联电路中，只要有某一处断开，整个电路就成为断路，即所串联的电子元件不能正常工作。

在一个电路中，若想控制所有的电路，可以使用串联的方式。

② 并联及并联特点。

并联：并联是元件之间的一种连接方式，特点是将两个同类或不同类的元件、器件等首首相接，同时尾尾也相连的一种连接方式。

通常是用来指电路中电子元件的连接方式，即并联电路。

并联的特点：

所有并联元件的端电压是同一个电压。

并联电路的总电流是所有元件的电流之和。并联电路如图 4.11 所示。

③ 电池串联和并联的特点

电池串联：电压是所有电池电压之和，容量不变，内阻增大。

电池并联：容量是所有电池容量之和，电压不变，内阻变小。

电池混联：容量增加，电压增加，内阻有可能增加也可能减小。

欧姆定律：在同一电路中，通过某一导体的电流跟这段导体两端的电压成

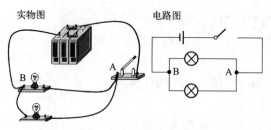

实物图   电路图

图 4.11 　并联电路图

正比，跟这段导体的电阻成反比，这就是欧姆定律。标准式：$R=U/I$。I（电流）的单位是安培（A），U（电压）的单位是伏特（V），R（电阻）的单位是欧姆（Ω）。

4.3.2 　锂离子电池焊接制作流程

焊接分为汇流排镍片和保护板排线与导线的焊接两种。

汇流排镍片的焊接：点焊前必须测试焊接效果，先用选好的镍片与同类型的电芯点焊再拔下镍片，如果拔下的镍片完好，电芯焊点上没有残留镍片，说明是虚焊，需要调整点焊机的参数，直到再拔下的镍片焊点残缺，电芯焊点上残留有镍片。点焊时应该注意电芯电极和镍片保持清洁平整，镍片的摆放要从上往下放，避免镍片接触到其他电芯造成短路。点焊完成后应逐个检查焊点是否有虚焊或漏焊。如果是用导线锡焊连接时，烙铁温度不能过高，烙铁和电芯电极间的接触时间不应该超过 3s，高温容易造成电芯内部损坏。

保护板排线和导线的焊接：锡焊相对简单，一是要焊点光滑无虚焊，二是与电芯接触时间不能过长。焊接排线时顺序一定要正确，按照保护板厂家的说明，焊接时先取下排线不要插入保护板，一般先从总负极黑色线开始，焊接完毕检查确认排线顺序正确。保护板导线先焊接保护板一端的 P－和 B－，再焊电池一端的 B－，最后再插入排线。焊接时注意焊渣不能掉到电芯之间或防爆阀内，焊渣要及时清理。

4.4 　锂离子电池 PACK 的测试

4.4.1 　锂离子电池 PACK 的测试项目

(1) 锂离子电池 PACK 的物理性能测试

① 外观检查：通过目视检查，确认 PACK 外观是否有明显损伤、变形、渗漏等情况，确保其完整性。

② 尺寸测量：使用精确的测量工具，对 PACK 的长度、宽度、高度和重量进行测量，与设计要求进行比对，确保其符合标准。

③ 绝缘性能测试：利用高压测试仪器，对 PACK 的绝缘性能进行测试，确保其在正常工作条件下不会发生漏电和电气短路。

④ 抗振性能测试：利用振动测试设备，对 PACK 进行不同频率和幅度的振动测试，以模拟实际应用环境下的振动情况，确保 PACK 能够正常工作并不会损坏。

(2) 锂离子电池 PACK 的电性能测试

① 标称容量测试：采用恒流放电方法，测量 PACK 在指定条件下放电至截止电压时释放的电量，与供应商标称容量进行比对，确保其符合要求。

② 充放电性能测试：通过不同充放电速率下的充放电测试，评估 PACK 的容量保持率、能量效率和循环寿命，以验证其在各种工作条件下的性能稳定性。

③ 内阻测试：通过交流阻抗测试仪器测量 PACK 的内阻，评估其电池单体和整体系统的输出功率和电池发热情况。

④ 工作温度范围测试：将 PACK 置于不同温度下，进行充放电测试，评估其在高温和低温条件下的性能和安全性，确保其能够在广泛的温度范围内正常工作。

(3) 锂离子电池 PACK 的安全性能测试

① 短路测试：对 PACK 进行短路测试，验证其短路保护功能的可靠性和效果，确保在短路情况下能够及时切断电源，防止发生严重事故。

② 过充电保护测试：将 PACK 置于过充电状态，测试其过充电保护功能的可靠性，确保在过充电状态下能够自动停止充电，避免电池过度损坏或发生安全问题。

③ 过放电保护测试：将 PACK 置于过放电状态，测试其过放电保护功能的可靠性，确保在过放电状态下能够自动停止放电，防止电池过度放电导致性能衰减或损坏。

④ 过温保护测试：将 PACK 置于过温环境下，测试其过温保护功能的可靠性，确保在超过安全温度范围时能够及时切断电源，防止发生过热、燃烧等危险情况。

(4) 锂离子电池 PACK 的环境适应性测试

① 高温适应性测试：将 PACK 置于高温环境中，测试其在高温条件下的性能和安全性，确保在高温环境下能够正常工作和有效散热，不发生过热或燃烧等安全问题。

② 低温适应性测试：将 PACK 置于低温环境中，测试其在低温条件下的性能和安全性，确保在低温环境下能够正常工作和有效释放能量，不会出现电池冻结或性能衰减等问题。

③ 湿热适应性测试：将 PACK 置于高温高湿环境中，测试其在湿热条件下的性能和安全性，确保在潮湿环境下不会发生电池内部短路、腐蚀或损坏等情况。

（5）锂离子电池 PACK 的寿命测试

① 充放电循环寿命测试：通过多次充放电循环测试，评估 PACK 的循环寿命和容量保持率，验证其长期稳定运行能力和性能衰减情况。

② 存储寿命测试：将 PACK 置于指定的温度和相对湿度条件下进行存储，定期检查其容量衰减和电池自放电情况，评估其在储存期间的性能变化和寿命。

锂离子电池 PACK 的测试标准和规范涵盖了物理性能、电性能、安全性能、环境适应性和寿命等方面的试验项目。通过这些测试，可以确保储能锂电池 PACK 在各种工作条件和使用环境下的性能稳定、安全可靠，并能长期持续运行。这些标准和规范的制定和执行对于保障储能锂电池的质量、可靠性和安全性具有重要意义，不仅为储能系统的建设和应用提供了保证，还促进了可再生能源的推广和应用。

4.4.2 锂离子电池组的测试设备

（1）内阻仪

内阻仪采用最先进的交流放电测试方法，能够精准测量电池两端电压和内阻，来判断电池容量和状态的优劣。

功能介绍：

① 电池测试中有单节测量功能和成组测量功能。

② 数据管理、查询、删除。

③ 可以在仪表上面直接查看数据结果，为现场判断提供可靠及时的数据支持，可以将数据存储到 U 盘，有时钟设置、计量校正、系统参数设置和程序更新等功能。

内阻仪有台式和手持两种。选择内阻仪要考虑仪器精度、价格和兼容性。仪器越精密价格越高，根据实际需求购买即可。手持内阻仪如图 4.12 所示。台式内阻仪如图 4.13 所示。

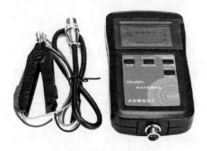

图 4.12　手持内阻仪

图 4.13　台式内阻仪

（2）电池综合测试仪

针对可充电电池的生产检测需要，产生了专用的可充电电池综合测试仪，测试仪可以对电池的一些基本参数做定量的精确测量，可以测量电池的开路电压、内阻、充电和放电性能、电池容量，针对锂电池的功能还有过充保护、过放保护、过电流保护、短路保护等，并测出相应的数值。

综合测试仪的作用：

① 电池电压 V_1 最小分辨率为 1mV，最高空闲时间小数点 3 位数，电池电压 V_1 测量精度为 10V±0.3%。

② 负载电压 V_2 指带一定负载时电池的电压，检测电池压差，负载电压 V_2 测量精度为 10V±0.3%。

③ 内阻为整个电池的内阻测试，最小分辨率为 1mΩ，测量精度为 100mΩ ±2%。

④ 短路保护时间：电池在短路情况下，电池开启短路保护作用的反应时间，短路保护时间测量精度：10ms±3%。

⑤ 短保恢复：测试电池是否具备自恢复电压作用，方便用户对高品质电池的研发和生产。

⑥ 过放电流：为电池所允许放电的最大电流值，测量精度：10A±2%，20A±5%。

⑦ 充电作用：设置一定的电流给电池进行充电，测试电池充电作用，电流设置范围：50~2000mA。

⑧ 识别电阻：对电池内部识别（热敏）电阻 R_1、R_2 进行检测，测量精度：10kΩ±1%。

⑨ 容量测试：测试电池/电芯的容量大小，测试充电、放电时充放电电流大小，可设置容量测试，测量精度为 1000mAh±3%。

（3）容量测试仪

容量测试仪用于快速解决电池组核对性放电实验、容量测试、电池组日常维护。测试仪可以实时监控放电过程中的电池电压、放电电流、放电时间、放电容量等参数；适用于各种电池的活化放电、电池初充电时的放电、电池的维护放电，同时也可检验电池的储电性能及负载容量等；具有操作简便、放电安全等优点，是通信基站、变电站、轨道交通、水力发电站以及 UPS 机房等进行电池测试运维的理想选择。容量测试仪如图 4.14 所示。

容量测试仪的作用：

① 具备多项告警功能：使用过程中出现异常问题，如电压过高、欠压、电流超出测量范围、风扇故

图 4.14　容量测试仪

障等能实时发出警告并停止放电，不损坏仪表和相关检测设备。

② 操作智能化设计：配备快速对接插孔，连接简单，测试全程自动记录、智能分析，无须人工干预。

③ 具有并机使用功能：能多台并机使用，满足300A以上的放电电流需求。

④ 具有快速核容分析功能，可通过3～5min的快速放电预估蓄电池的剩余容量。

⑤ 采用高分子聚合物正温度系数电阻，功耗小，抗浪涌能力强，避免红热现象，安全系数高，具有过流自保护功能。

⑥ 有放电参数预设功能，内置多种常用的放电模板，满足不同类型电池的参数设置，模板数据掉电可保存，上电即可直接开始测试，无须频繁设置参数，让测试操作更简单。

⑦ 配备专业的分析软件，能同时显示电压、电流曲线、单体电池柱状图数据表格等，可自动生成EXCEL/WORD文档格式、并可打印、生成测试数据报告。

⑧ 有多项安全保护功能，如过流保护、短路保护、温度过高、极性反接等保护功能。

（4）分容柜

电池化成分容检测系统，主要用于单体电芯的容量和循环寿命的检测。其工作原理是通过参数设置自动对电芯充电、静置、放电、检测电芯的SOC和实际容量。通过记录电芯充放电的循环次数检测电芯的实际使用寿命。在组装时如果所采购的电芯一致性很差，可以通过分容柜进行分容配对以提高一致性，在维修电池时，如果电芯没有标注容量，可以通过分容柜检测电芯容量。适应范围：锂电池、镍氢、镍镉电池的化成分容与检测。分容柜如图4.15所示。

（5）可调直流稳压电压电源

可调直流稳压电源又称充电仪，可根据情况选择电压调节范围和电流调节范围。可调直流稳压电压电源如图4.16所示。

图4.15　分容柜

图4.16　可调直流稳压电压电源

（6）电池充放电一体测试仪

电池充放电一体测试仪具有充电、放电、容量检测、电池组老化的功能。其实就是可调直流稳压电源和容量检测仪的集成设备，操作更智能、更便捷。电池充放电一体测试仪如图 4.17 所示。

（7）锂电池均衡仪

锂电池均衡仪有三种：一种是补电均衡；一种是放电均衡；还有一种是电量转移均衡。原理是通过连接电池排线检测每一串的电压和总电压，可显示压差和检测排线顺序是否正确，通过整组放电或者充电使每一串电芯电压达到均衡。均衡仪在组装时也可以用作快速检测排线顺序和测量各串压差的工具。锂电池维修均衡仪如图 4.18 所示。

图 4.17　电池充放电一体测试仪

图 4.18　锂电池维修均衡仪

三种均衡方式的优点和缺点对比：

① 补电均衡。

优点：从外面补充能量，将电压低的串电压补充到等于电压最高的串电压，不浪费电芯本身的能量。

缺点：

a. 电芯电压越接近充满时，均衡速度越慢。

b. 因为均衡时是直接通过 BMS 线接线电芯上，不经过保护板，如果出现意外，电芯有可能会过充，从而出现危险。

② 放电均衡。

优点：

a. 不对电芯充电，不担心过充问题。

b. 整个均衡过程速度都是一样的，均衡速度快。

缺点：均衡方式是将高电压的串能量放掉，直到和最低电压串相等，多余的能量被白白浪费掉。

③ 电量转移均衡。

优点：将电压高的串能量转到电压低的串上，能量除了效率损耗没有其他损耗。

缺点：

a. 电芯的串电压压差越小，均衡速度越慢，每次均衡都是要从压差大慢慢变成压差小的，所以这个均衡电流也会慢慢变小。

b. 虽然是电量转移，但也是对电芯充电，也有可能电芯会过充从而出现危险。

三种方式的对比：

安全性：补电均衡＜电量转移均衡＜放电均衡。

速度性：电量转移均衡＝补电均衡＜放电均衡。

损耗性：补电均衡＜电量转移均衡＜放电均衡。

4.5 锂离子电池 PACK 的封装与老化检测

4.5.1 锂离子电池组绝缘与封装

由于锂离子电池组内电芯排列紧密并且数量多，每一串还有排线与保护板连接，绝缘工作就显得尤为重要。原则上所有裸露的导体都要青稞纸覆盖绝缘，分布的排线下方不能直接与电芯或镍片接触，必须使用青稞纸或 EVA 泡棉绝缘，排线不能分布到容易挤压摩擦的部位。两组电芯上下重叠时中间必须使用环氧板或硅胶板进行分隔。安装保护板时下方必须用环氧板做好绝缘并固定好。

在电池组空缺处和四周粘上 EVA 泡棉做好防振处理，电池组整理好后用环氧板封装定形，绑扎牢固后使用 PVC 热缩膜做好防水处理并在两端封口处打上有机硅胶。电池外壳内部使用背胶青稞纸或硅胶板做好绝缘处理，并在四周贴上 EVA 泡棉防振，最后装入电池组接好外壳的连接插头。

4.5.2 锂离子电池组均衡和老化

组装好的电池组先进行充电，然后检查满电时压差大小，如果压差很小就不需要均衡，如果压差有些偏大，则需要给电池均衡。满电时均衡速度较快，建议满电时均衡。然后进行完整的充放电循环测试，可以选择不同的电流测试，检测电池组的实际容量。条件允许可以进行振动测试、防水测试等。

4.6 锂离子电池组组装的注意事项

锂离子电池产品的组装、制作其实不难，重要在于实践，没有亲手制作一两组，就始终不知道该如何下手。在组装之前需要了解动力电池、储能电池和数码电池的区别。

（1）动力电池、储能电池和数码电池的区别

从应用端看，电池可以分为动力电池、储能电池和数码电池三种。

a. 动力电池一般分为大动力电池与小动力电池两种。大动力电池多指搭载到新能源汽车中的电池，小动力电池指搭载到电动自行车或电动工具中的电池。

b. 储能电池则主要提供电能的存储及电能输出。在锂离子电池还未得到大发展的储能市场，储能电池与大动力电池能互换使用吗？虽然有些时候可以互换，但事实上是不一定，具体情况要具体分析。

• 首先看储能电池能不能用作动力电池。储能电池一般应用的场景都是一些常规电子设备用电，比如通信基站、部分 3C 电子产品等，它们的放电要求大多数是在 1C 倍率左右，在这样的情况下，电池所使用的材料性能相对差一些，比如隔膜方面，因为低倍率放电的锂离子电池不容易发热，所以在耐温方面，隔膜会比动力型电池要差一些，自然价格相对低些。

• 在内阻大小方面，由于电池放电电流较小，所以在内阻方面一般会比动力型电池要大些。也就是说，虽然储能锂离子电池和动力锂离子电池使用的电池材料类型相同，但是同种材料在质量方面，储能锂离子电池要略差，内阻也会略高，所以在整体价格方面，一般来说，储能磷酸铁锂电池要比动力磷酸铁锂电池要便宜。

那么储能电池能不能用于电动汽车呢？

• 首先要看的是电池的种类是否一样，然后再看电池在容量方面是否一样，最后还要看储能锂离子电池支持的稳定放电电流是否可以支持电动车锂离子电池行驶时的要求，以及最大允许电流是否符合电动车短时间使用要求，如果这些都符合，还需要更换电池时对电动车电动控制系统进行调节。

• 其次，动力电池用于储能，设计配置锂离子电池放电控制系统后，可以把电动车锂离子电池当成储能锂离子电池使用。不过，在经济效益方面可能不理想，毕竟电池成本和电源控制系统成本高。这也是动力电池可以进行梯次利用的原因之一。

c. 数码电池指的是数码产品中使用的电池，例如手机、笔记本电脑、移动电源等。锂离子电池打开应用端市场，就是从数码电池开始的。

（2）磷酸铁锂电池与三元锂离子电池的对比

目前常用的动力电池有磷酸铁锂电池和三元锂离子电池两种。18650 圆柱电芯的三元锂电芯的较多，磷酸铁锂的也有，但是比较少见。这里我们对磷酸铁锂电池和三元锂离子电池进行对比。磷酸铁锂电池和三元锂离子电池对比如表 4.1 所示。

表 4.1　磷酸铁锂电池和三元锂离子电池对比

项目	磷酸铁锂电池	三元锂离子电池
标称电压/V	3.2	3.7
工作电压/V	2.5~3.65	3~4.25
循环寿命/次	4000	2000
安全性	高	一般
低温性能	差	好
高温性能	好	差
同容量体积	1.5(体积大)	1(体积小)

随着技术的不断提高，电池循环寿命也在不断提升，能量密度也是越做越大，安全性也得到了很大提升。具体选择什么样的电芯，要根据电池的工作环境决定，比如北方冬季较冷，则北方绝大部分采用三元锂离子电池。

4.6.1　圆柱、软包和大单体锂离子电池组制作

如果我们要组装 48V25A 的电动车锂离子电池，需要先把电池并联，然后把并联好的电池串联，把并联的电池叫 1 串，有多少串电池串联就叫作多少串。

例：用 2500mAh 的 186510 电芯（三元锂）制作成 48V 25A 的电动车电池。

先把 10 个 18650 电芯并联，并联增加容量，电压保持不变。2500mAh×10＝25000mAh，就是 25Ah，可以把这一串电池看成一块或一片大容量的电池，然后再把电池串联起来，串联容量不变，电压增加。做成 48V 的电池需要串联 13 或者 14 串电池，3.7V×13＝48.1V。为了让电动车跑得远一点，更有劲一些，也可以使用 14 串，3.7V×14＝51.8V，13 串的电池组称为 10 并 13 串电池组，14 串的电池组称为 10 并 14 串电池组。因为电动车控制器有电压工作范围，所以增加串数不能增加太多，否则有可能出现装上电池以后电动车不走的现象。

总结：

① 三元锂 48V 用 13 串好还是用 14 串好？如果想节省成本就用 13 串，如果想提高使用者体验就用 14 串，可以根据具体情况来定。

② 圆柱电池组装稍微复杂一点，软包和大单体电池组装相对简单。但是从制作工艺上和绝缘工艺上，软包的制作是最严格的，因为软包的正负极是可以左右摇摆的，往左用力，极耳就往左弯曲，往右用力极耳就往右弯曲，所以软包电芯固定和绝缘要求就更高，稍有不慎就会出现短路的情况，甚至会引起着火爆炸。一般采用电芯支架固定，软包电芯的壳体硬度不够，用电焊机焊接，就比较麻烦，加上支架才能焊接，也可以使用锡焊焊接。软包电芯更容易出现鼓包的情况，所以很多维修人员不愿意修软包电池，因为甚至拒修软包电池，因为维修之前可能看不出电池鼓包，一旦拆下来，去掉外力的作用，软包电芯鼓包就会非常

明显，甚至变形，维修人员很难复位。软包电芯的外壳很容易被毛刺、铁屑、金属工具等刺破，一旦被金属刺破，很容易造成电池短路，引起事故。如果有严格的组装工序和严格安全防护措施，软包电芯还是有很多优点的，比如体积可以更小、电芯成本会降低等。

4.6.2　平衡车、两轮车、三轮车锂离子电池制作

平衡车电池的电压一般是 36V，两轮电动车分两轮电动自行车和两轮电动摩托车两种，两轮电动自行车电压一般是 36V 和 48V，目前 36V 的电动自行车逐步被淘汰，电动摩托车电压一般是 48V、60V 和 72V，当然也有 84V 和 96V 的，但是这两种很少见。电动三轮车电压一般是 48V、60V 和 72V。制作电动车电池时，电压一定要匹配，容量可以根据客户行驶里程的需求进行变动。

常用规格的电池对应的行驶里程数如表 4.2 所示（仅供参考，以实际行驶里程为准，受路况、风力、控制器等因素影响）。

表 4.2　常用规格电池对应行驶里程数

电池规格	行驶里程数/km
48V/20Ah	40～50
48V/30Ah	80～90
48V/40Ah	100～110
48V/50Ah	110～130
60V/20Ah	45～55
60V/40Ah	105～120
60V/50Ah	115～135
72V/20Ah	50～60
72V/40Ah	110～130
72V/50Ah	130～160

保护板匹配：电动自行车配 30A 的保护板，电动摩托车配 40A 的保护板，电动三轮车配 60A 的保护板，建议参考控制器上的限流参数。

4.6.3　低速四轮车锂离子电池制作

低速四轮车锂离子电池制作和两轮、三轮电动车制作基本一致。四轮车上的控制器一般不标注限流值，保护板选用 150～200A 的电流，由于堵转电流较大，在电池组装的过程中，要充分考虑连接电芯的集流排的载流能力。

4.6.4　太阳能储能锂离子电池制作

太阳能储能锂离子电池、充电宝等这类储能电池一般对电芯的要求不是很

高，可以考虑使用动力电池替换下来的电芯，但也要结合具体的情况。太阳能储能锂离子电池电压一般是 12V 或 24V。不同电压对应的串数如表 4.3 所示。

表 4.3　不同电压对应的串数

标称电压	磷酸铁锂电池	三元锂离子电池
12V	4 串	3 串
24V	8 串	7 串

电池的容量根据需要制作，太阳光线强度受天气变化的影响，所以太阳能连接电池充电，需要接升降压模块或太阳能专用的控制器。

4.6.5　无人机锂离子电池制作

无人机锂离子电池对电芯的要求较高，设计要求最大限度降低电池的重量，也要考虑到电池的供电时长。所以无人机锂离子电池一般采用大倍率放电的软包电芯，放电倍率在 10C～95C 之间。电池组的串数越少，电池的放电倍率就要求越大，电池的放电电流要能满足无人机的工作电流。另外无人机的保护板上一般有通信接口，通信协议不匹配，则电池无法正常供电。

4.6.6　电动工具锂离子电池制作

电动工具上的锂离子电池，体积小、容量小，而电动工具工作时的电流并不小，故制作电动工具锂离子电池需要选用放电倍率大的电芯，一般选用 10C 或 10C 以上放电倍率的电芯，圆柱电芯使用较多。电动工具的电池一般是卡在电动工具上的，对电池的外壳有一定的要求，有专门生产电动工具外壳的厂家，可生产指定形状的保护板。

4.6.7　房车锂离子电池制作

房车的空间是充足的，所以房车锂离子电池对体积的要求并不是非常严格，但是对安全性要求是非常严格的。房车锂离子电池一般使用安全性更高的磷酸铁锂电池。房车储能锂离子电池的主要用途是为房车内部的电器提供电能，比如空调、冰箱、洗衣机、电视机、厨房设备等。由于用电设备比较多，所以房车储能电池的容量一般比较大，有的容量为 200Ah，有的 500Ah，甚至有的房车锂离子电池的容量达到 1000Ah。逆变器的功率也比较大，电池需要持续提供 500～600A 甚至更大的电流。制作房车锂离子电池需要配大电流的保护板，连接电芯的连接片采用导电能力更强的镀镍铜排。电池大电流放电需要考虑电池的散热问题，功率较大的房车锂离子电池盒上需要安装风扇，便于电池组散热。房车锂离子电池的电压一般是 12V 或 24V。

第5章
BMS电池管理系统和逆变器

5.1 BMS 电池管理系统定义和作用

5.1.1 BMS 电池管理系统的定义

BMS(Battery Management System) 电池管理系统是电池与用户之间的纽带，主要应用对象是二次电池。二次电池存在一些缺点，如存储能量少、寿命短、串并联使用问题、使用安全性、电池电量估算困难等。电池的性能是很复杂的，不同类型的电池特性亦相差很大。

锂离子电池过充、过放、短路、电流超过电芯放电能力，都会对电芯造成不可逆的损坏，甚至引起起火、爆炸等事故，所以电池组必须使用 BMS 电池管理系统加以保护。由于它主要作用是保护电芯，所以行内又称为保护板。

电池管理系统是一种能够对蓄电池进行监控和管理的电子装置，通过对电压、电流、温度以及 SOC 等参数采集、计算，进而控制电池的充放电过程，实现对电池的保护、提升电池的综合性能。

5.1.2 BMS 电池管理系统的作用

BMS 电池管理系统是用来保护电池不受损坏与延长电池的使用寿命的，它在电池出现极端问题的情况下会作出最稳定最有效的保护以防止出现意外。锂离子电池保护板是对串联锂离子电池组的充放电保护；在充满电时能保证各单体电池之间的电压差异小于设定值（一般±20mV），实现电池组各单体电池的均充，有效地改善了串联充电方式下的充电效果；同时检测电池组中各个单体电池的过压、欠压、过流、短路、过温状态，保护并延长电池使用寿命；欠压保护使每一单节电池在放电使用时避免电池因过放电而损坏。

BMS 电池管理系统可实现过充保护、过放保护、短路保护、过流保护、过温保护、均衡保护、通信、加热板控制、触电控制等功能。

① 过放保护：当电池快要用完时，电压到一个最低值，保护板也会关闭，不能再放电了，产品因此会自动关机，形成一种过放保护作用。过放时正极材料活性变差，阻止锂离子的嵌入，电池容量急剧下降。过放会缩短电池寿命，直接损坏电池。

② 过充保护：在给产品充电时，电压达到电池最高电压时，保护板就会自动断开，显示充满不再继续充电，形成一种过充保护作用。过充时正极晶格会产生崩塌，锂离子在负极会形成锂枝晶从而刺破隔膜，造成电池损坏。如果正极材料体积过度膨胀，也会破坏电池的物理结构，造成电池的损坏。电池内会产生大量气体，使内部压力迅速上升，导致电池爆炸。

③ 短路保护：当电池不小心短路时，保护板会在几毫秒内自动关闭，不会再通电，这时即使正负极接触也没有问题，不会引起爆炸事件发生。

④ 过流保护：当电池放电时，保护板会有一个最大的限制电流，不同产品是不一样的，当放电超过这个电流时保护板也会自动关闭。电流采集方法如表 5.1 所示。

表 5.1　电池工作电流采集方法

项目	分流器	互感器	霍尔元件电流传感器	光纤传感器
插入损耗	有	无	无	无
布置形式	需插入主电路	开孔,导线传入	开孔,导线传入	—
测量对象	直流,交流,脉冲	交流	直流,交流,脉冲	直流,交流
电气隔离	无隔离	隔离	隔离	隔离
使用方便性	小信号放大,需控制处理	使用简单	使用简单	—
使用场合	小电流,控制测量	交流测量,电网监控	控制测量	高压测量
价格	较低	低	较高	高
普及程度	普及	普及	较普及	未普及

⑤ 过温保护：当温度超过设定温度范围的时候，电路断开停止工作。由于过高或过低的温度都将直接影响电池的使用寿命和性能，并有可能导致电池系统的安全问题，并且电池箱内温度场的长久不均匀分布将造成各电池模块、单体间性能的不均衡，因此电池热管理系统对于电池系统而言是必需的。可靠、高效的热管理系统对于产品的可靠安全应用意义重大。

5.1.3　电池内传热的基本方式

热传导：指物质与物体直接接触而产生的热传递。电池内部的电极、电解液、集流体等都是热传导介质。

对流换热：电池表面的热量通过环境介质（一般为流体）的流动交换热量，

和温差成正比。

辐射换热：主要发生在电池表面，与电池表面材料的性质相关。

如图 5.1 所示为 BMS 电池管理系统温度传感器的实物图。

图 5.1 BMS 电池管理系统温度传感器

5.1.4 电池内部热量的采集方法

(1) 热敏电阻采集法

一般 BMS 电池管理系统温度传感器选用 10K 或 100K 的热敏电阻，热敏电阻是一种阻值随其阻体温度的变化呈显著变化的负温度系数的热敏感半导体电阻器。检测电路中一定值电阻与温度传感器串联，通过测量定值电阻两端电压得出热敏电阻阻值，从而根据热敏电阻线性计算温度。温度传感器是有范围限制的，现阶段一般的温度传感器线性范围在 $-40\sim120℃$，超过之后则无法检测，系统默认极值。一般检验温度采集盒是否损坏时将温感探头短路，若出现极值则温度采集盒正常，也可测量温感探头阻值，$6\sim11k\Omega$ 正常。

低温时电池容量较低，影响其使用性能。高温时电池循环寿命大大缩短，温度过高时还会产生安全问题。再者，锂离子电池在低于 0℃ 时充电也存在着安全隐患。对动力电池系统来说，电芯及电池模组的一致性是至关重要的，而电池在使用过程中不可避免地要产生热量，从而导致电池温度升高。由于电芯或电池模组的位置不同，散热情况不同，从而导致其温度不同。温度的不同又反过来导致电芯及模组的性能不一致。

由此可见，对电池组进行热管理，使其尽量能在最佳工作范围工作、提高其一致性、延长其使用寿命、避免安全问题等都是非常必要的。现阶段无法使电池组各点温度保持一致，但使其在一定温度范围内运行是完全可以做到的。BMS 电池管理系统通过控制加热装置和散热装置来进行温度管控，又将温度上下限阈值纳入电池组电路开断管控范围，从而避免热失控。

电池存在欧姆电阻与极化电阻，在充放电过程中综合电阻过流发热，而当电池组持续大电流过流时发热量致使电池组温度持续上升，当温度达到高温报警温度时，BMS 电池管理系统开启风扇散热（一般设定 45℃ 开启风扇），直到温度下降到风扇关闭温度（一般设定为35℃）。在我国北方冬天温度一般在零下十几度甚至几十度，虽然磷酸铁锂电池在零下40℃时仍能工作，但在低温状态下（5℃以下）电池性能大幅下降，主要表现为容量降低，这时候就需要对电池组加热，一般使用加热带加热。加热开启温度设定为5℃，加热关闭温度设定为25℃。为了避免部件失效造成热失控，BMS电池管理系统又引入了最高切断温度，此值由系统设计，一般不会超过75℃，通常设定为65℃。

（2）热电偶采集法

原理：采集双金属体在不同温度下产生不同的热电动势，通过查表得到温度的值。

特点：由于热电动势的值仅和材料有关，所以热电偶的准确度很高。但是由于热电动势都是毫伏等级的信号，所以需要放大，故外部电路比较复杂。热电偶实物图如图5.2所示。

（3）集成温度传感器采集法

原理及特点：集成温度传感器很多都是基于热敏电阻式的，在生产过程中进行校正后精度可以媲美热电偶，而且可直接输出数字量，很适合在数字系统中使用。集成温度传感器如图5.3所示。

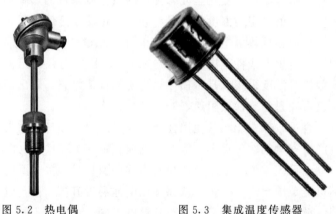

图5.2　热电偶　　　　　　　图5.3　集成温度传感器

通信功能：单体电芯信息可以传输到终端并显示出来。

加热板控制功能：根据电池组的温度控制加热板的工作状态。

5.1.5　单体/电池组 SOC 测算

SOC测算是BMS电池管理系统必不可少的功能，通过SOC用户可以预估电池的剩余电量。单体电池的SOC测算也非常重要，因为最小单体的SOC决定了整个电池组的SOC，也有厂家通过单体SOC判断均衡使能。但是SOC测算是行业难题，很难有一种算法能够适应所有型号电池以及所有使用条件。因此，在选择 BMS 电池管理系统时适当考虑其 SOC 精度即可，不可过分相信厂家吹嘘的指标。

化学法：通过测量电解液的密度或 pH 值来指示电池的 SOC。

电压法：建立电池充放电过程中电压与 SOC 的对应关系，通过读取的电压参数来反映 SOC（受电流和温度影响）。随着放电电池容量的增加，电池的开路电压降低，可以根据一定的充放电倍率时电池组的开路电压和 SOC 的对应曲线，通过测量电池组开路电压的大小，估算出电池 SOC 的值。电压法曲线如图 5.4 所示。

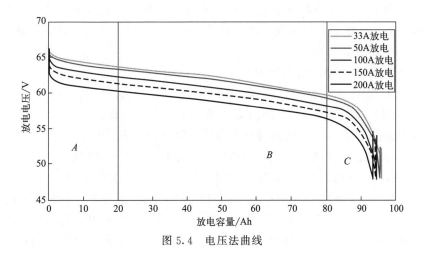

图 5.4　电压法曲线

电流积分：即所谓的安时积分法，将充放电电流与充放电时间进行积分，计算电量（需要校准）。

压力法：电池内部压力随着充电的持续而增加，根据测量到的压力判断 SOC 大小（适用于镍氢电池）。电压与容量关系曲线如图 5.5 所示。

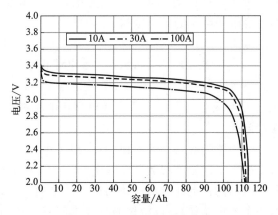

图 5.5　电压与容量关系曲线

电压法不依赖于历史状态，无累积误差，各单体 SOC 相对独立；但是锂离子电池电压曲线平缓，不易判断。

电阻测量法：用不同频率的交流电激励电池，测量电池内部交流电阻，通过计算模型得到 SOC 估计值；但 SOC 与电阻等参数之间关系复杂，传统数学方法难以建模。

AH 积分法依赖于历史状态，有累积误差、有均衡的情况下 SOC 测算难度加大；但 AH 积分法可以通过补偿、校准提高精度，目前应用最广泛。

卡尔曼滤波法：适用于各种电池，不仅给出了 SOC 的估计值，还给出了 SOC 的估计误差。缺点是要求电池 SOC 估计精度越高，电池模型复杂时涉及大量矩阵运算，工程上难以实现。该方法对于温度、自放电率以及放电倍率对容量的影响考虑得不够全面。

电池 SOC 估算精度的影响因素：

① 充放电电流。大电流可充放电容量低于额定容量，反之亦然。

② 温度。不同温度下电池组的容量存在着一定的变化。

③ 电池容量衰减。电池的容量在循环过程中会逐渐减少。

④ 自放电。自放电大小主要与环境温度有关，具有不确定性。

⑤ 一致性。电池组的一致性差别对电量的估算有重要的影响。

电池组 SOH 评估：SOH(State Of Health) 即电池的健康状态，是用来表征电池是否可以正常工作的一个指标，当 SOH 较差时电池可能已经处于失效状态。SOH 主要表现在以下几个方面：容量衰减、内阻增大导致有源功耗、自放电率增大、初始放电电压下降等。

5.1.6 均衡功能

电芯由于生产工艺所限，不可能做到每一个电芯的电压内阻等做到完全一致。在串联使用的过程中，内阻大的电芯先放完电，又先充饱电，长期这样使用，各个串联电芯的容量和电压的差异也越来越明显。

不同材料电池的电压特性相差较大：

a. 磷酸铁锂系列（充电截止电压≤3.85V，放电截止电压≥2.5V）。

b. 三元系列（充电截止电压≤4.2V，放电截止电压≥2.7V）。

c. 锰酸锂系列（充电截止电压≤4.2V，放电截止电压≥2.7V）。

(1) 均衡功能的分类

均衡功能分为主动均衡和被动均衡两种形式。主动均衡是以电量转移的方式进行均衡，效率高，损失小。主动均衡又可以分为以下四种方式，每种方式均可以实现充电均衡和放电均衡：电池组向单体均衡（放电均衡效果尤佳），单体向电池组均衡（充电均衡效果尤佳），电池组与单体之间双向均衡，单体与单体之间均衡。被动均衡一般通过电阻放电的方式，对电压较高的电池进行放电，以热量形式释放电量，为其他电池争取更多充电时间。常见的均衡方法示意图如图 5.6～图 5.11 所示。电池电压低于均衡电压，均衡不启动，如图 5.12 所示；有电池电压高于均衡电压，均衡启动，如图 5.13 所示。

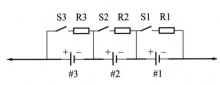

图 5.6　常见的均衡方法示意图（一）

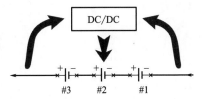

图 5.7　常见的均衡方法示意图（二）

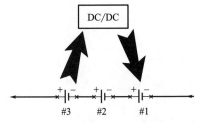

图 5.8　常见的均衡方法示意图（三）

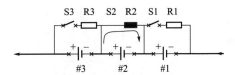

图 5.9　常见的均衡方法示意图（四）

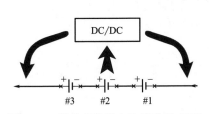

图 5.10　常见的均衡方法示意图（五）

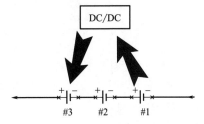

图 5.11　常见的均衡方法示意图（六）

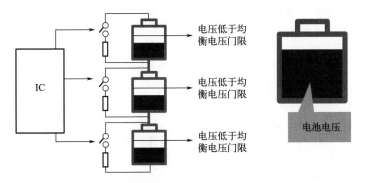

图 5.12　电池电压低于均衡电压，均衡不启动

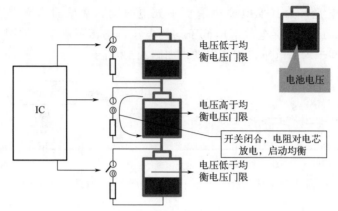

图 5.13　有电池电压高于均衡电压，均衡启动

主动均衡详细示意图如图 5.14 所示。

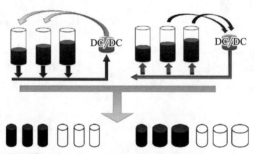

图 5.14　主动均衡详细示意图

(2) 保持均衡功能的方法

为了保持电池的均衡功能，需要对单体电池进行电压采集，具体方法如下。

① 继电器阵列法。

组成：端电压传感器、继电器阵列、A/D 转换芯片、光耦、多路模拟开关等。

应用特点：在所需要测量的电池单体电压较高而且对精度要求也高的场合使用。继电器阵列法如图 5.15 所示。

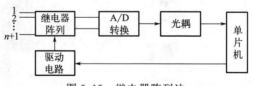

图 5.15　继电器阵列法

② 恒流源法。

组成：运放和场效应管组合构成减法运算恒流源电路。

应用特点：结构较简单，共模抑制能力强，采集精度高，具有很好的实用性。恒流源法如图 5.16 所示。

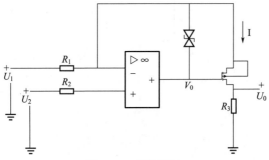

图 5.16　恒流源法

③ 隔离运放采集法。

组成：隔离运算放大器、多路选择器等。

应用特点：系统采集精度高，可靠性强，但成本较高。隔离运放采集法如图 5.17 所示。

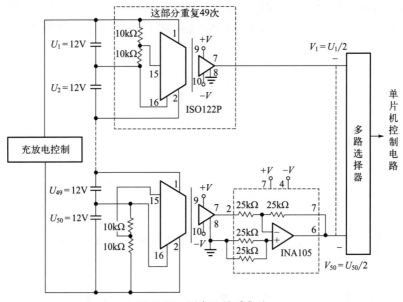

图 5.17　隔离运放采集法

④ 压/频转换电路采集法。

组成：压/频转换器、选择电路和运算放大电路。

应用特点：压控振荡器中含有电容器，而电容器的相对误差一般都比较大，而且电容越大相对误差也越大。压/频转换电路采集法如图 5.18 所示。

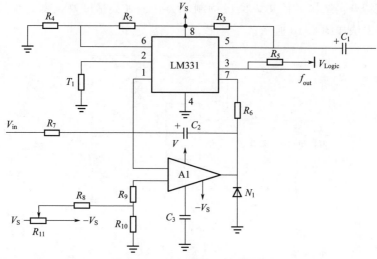

图 5.18　压/频转换电路采集法

⑤ 线性光耦合放大电路采集法。

应用特点：线性光耦合放大电路不仅具有很强的隔离能力和抗干扰能力，还可使模拟信号在传输过程中保持较好线性度，电路相对较复杂，精度影响因素较多。基于线性光耦合元件 TIL300 的电池单体电压采集电路原理图如图 5.19 所示。

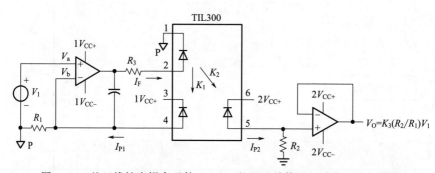

图 5.19　基于线性光耦合元件 TIL300 的电池单体电压采集电路原理图

5.2　BMS 电池管理系统的分类及功能介绍

5.2.1　BMS 电池管理系统的分类

（1）根据保护板 IC 功能分

①人硬件保护板：电路的保护参数是预先在 IC 内部设定好的，外部不能更改参数。专用锂离子电池保护芯片，当电池电压达到上限值或下限值时，控制开

关器件 MOS 管切断充电回路或放电回路，实现保护电池组的目的。

a. 特点：

• 只实现过充、过放保护。部分能实现过流保护、反接保护。其他附加功能通通不能满足。

• 保护阈值不可更改（一般保护点为 3.9V 和 2.0V）。

• 均衡阈值不可更改（一般均衡电流在 150mA 以下）。

b. 分类。硬件式保护板根据电流走向可分为分口保护板（总共三个接口：充电口，放电口）、共口保护板两种。

优点：可靠性高，成本低，开发周期短。

缺点：适配性差，参数只能一一对号入座。BMS 电池管理系统实物图如图 5.20 所示。

图 5.20　BMS 电池管理系统实物图

② 软件＋硬件保护板：保护板的参数可以更改，可用于多种电池组，通过调节达到理想的保护参数。

优点：参数调整方面，适配性好，可以通过电脑和手机等设备实时监控，人机交互性好。

缺点：可靠性不及硬件保护板，成本高，开发周期长。

（2）根据充放电口的不同分

① 同口保护板：充电和放电使用同一个接线口，外观特点是外接线有两根。

优点：接线方便，充电口和放电口不会接错，价格低。

缺点：充电和放电使用同一个口时 MOS 管温升快。

同口保护板原理图如图 5.21 所示。30A 充放电的同口保护板实物图如图 5.22 所示。

② 分口保护板：充电和放电使用不同接线口，外观特点是外接线至少有三根。

优点：充放电使用不同的口，MOS 管使用寿命长，温度不会过高。

缺点：成本高，充放电口容易接错，接错的时候对电池组没有保护作用。

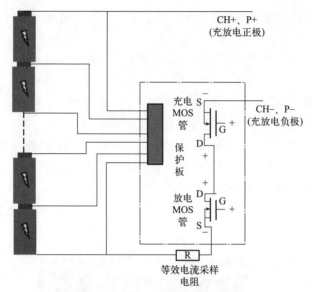

图 5.21　同口保护板原理图

图 5.22　同口保护实物图

分口保护板原理图如图 5.23 所示，5A 充电 20A 放电的分口保护板实物图如图 5.24 所示。

(3) 按保护电池数量分

①单节保护板。②双节保护板。③多节保护板又叫电池组保护板。

(4) 按保护对象的种类分

① 三元锂离子电池保护板：标称电压 3.7V。

② 磷酸铁锂电池保护板：标称电压 3.2V。

③ 钛酸锂电池保护板：标称电压 2.4V。

因为不同材料的电池电压适用范围不同，保护板的参数也不同，所有保护板一定不能混用。

分类过程中，有的人会把正负极搞混淆，特别强调一下：

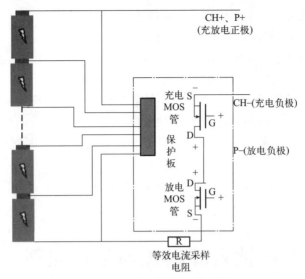

图 5.23　分口保护板原理图

图 5.24　分口保护板实物图

同口保护板 B—为连接电池的负极，由于 C—和 P—是同一个口，所以有些厂家标 P—，有些厂家标 C—。

分口保护板 B—为连接电池的负极，C—为充电口的负极，P—为放电口的负极；B—、P—、C—焊盘均是过孔式，焊盘孔直径均为 3mm，电池各充电检测接口以 DC 针座形式输出。

5.2.2　BMS 电池管理系统的功能介绍

保护板主要组成部分有：控制 IC、MOS 管开关、电阻、电容、PVB 板、辅助器件（包括 PUSE、PTC、NTC、ID）、存储器等。

电阻：起限流和采样的作用。

电容：对于直流电而言电阻值无穷大，对于交流电而言电阻值接近于零，电容两端电压不能突变，能起到稳压作用和滤波作用。

PUSE：熔断保险丝，能起到过流保护作用。

PTC：正温度系数电阻，温度越高，阻值越大，可以防止电池高温放电和不安全大电流发生，起到过流保护的作用。

NTC：负温度系数电阻，温度升高阻值降低，使用电设备或充电设备及时反映电流变化，控制内部中断，从而停止充放电。

IC：又称保护板单片机，是整个电路板的核心，处理电路中的微电信号，决定电路的通断。

MOS管：场效应管，可以简单地理解为开关，通常有三只脚，分别为漏极D，源极S、栅极G。

5.3 BMS 电池管理系统的工作原理

BMS 电池管理系统工作原理如图 5.25 所示。

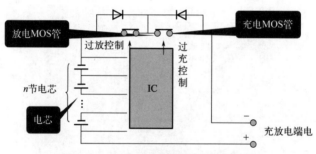

图 5.25　BMS 电池管理系统工作原理

锂电池正常的充电状态，如图 5.26、图 5.27 所示。高于最高电压时，充电MOS管关闭如图 5.28 所示。

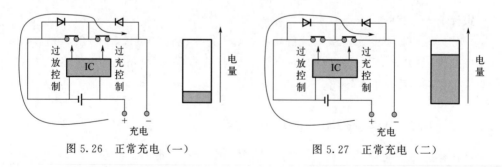

图 5.26　正常充电（一）　　　　　图 5.27　正常充电（二）

锂电池正常的放电状态，如图 5.29、图 5.30 所示。低于最低电压时，放电MOS管关闭，如图 5.31 所示。

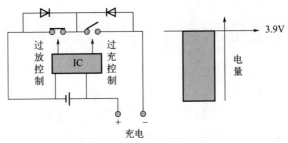

图 5.28　充电 MOS 管关闭

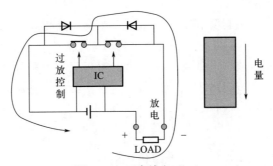

图 5.29　正常放电（一）

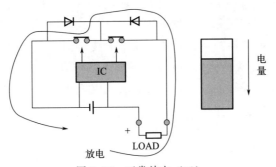

图 5.30　正常放电（二）

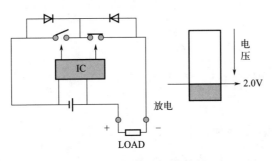

图 5.31　放电 MOS 管关闭

5.4 BMS 电池管理系统使用过程中注意事项

关于 BMS 电池管理系统的认识误区：

① 功能满足需要即可，并非越多越好，系统越简单可靠性才可能越高。不必刻意追求电压或温度等参数的采集精度。精度满足需要即可，过高的精度不一定会带来 BMS 电池管理系统性能的提升，相反会增加成本。

② BMS 电池管理系统能够修复性能差的电池。BMS 电池管理系统不能修复性能差的电池，充其量能够减缓其变差、抑制其影响。

③ 均衡能解决电池自身容量不一致性。单独的充电均衡或者放电均衡对容量差异无明显改善作用，只有大电流充放电均衡才能改善容量不一致性。

④ 盲目追求充电或放电截止电压一致。对于只有充电均衡或者放电均衡的 BMS 电池管理系统，盲目追求末端的截止电压一致性无任何意义。只有当同时具备大电流充放电均衡时才有必要研究末端截止电压一致性问题。

5.5 逆变器的定义和作用

逆变器是一种将直流电转换为交流电的电子设备。其作用是交流-直流转换、适配不同电器、能源利用和应急供电等。

以 600W 正弦逆变器为案例：该逆变器分为三大部分，分别为 DC/DC 驱动板、功率主板、SPWM 驱动板。逆变器的基本结构方框图如图 5.32 所示，输入的是直流电压 12V，经过逆变器，转化为交流电 220V 50Hz。

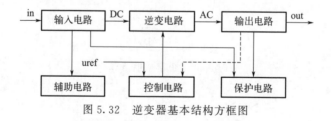

图 5.32 逆变器基本结构方框图

5.6 逆变器的工作原理

5.6.1 逆变器的工作原理图

逆变器的工作原理图如图 5.33 所示。

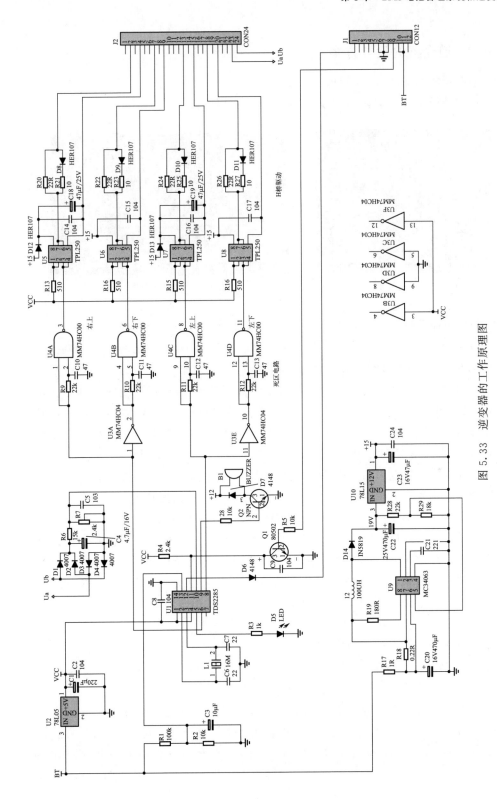

图 5.33　逆变器的工作原理图

5.6.2　逆变器的设计方案

逆变器实物如图 5.34 所示。

示波器调试波形图如图 5.35 所示。

图 5.34　逆变器实物

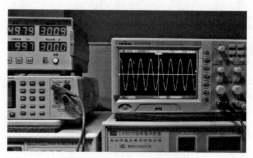

图 5.35　示波器调试波形图

(1) 电路原理

该逆变器分为四大部分，每一部分做一块 PCB 板，分别是功率主板、SPWM 驱动板、DC/DC 驱动板和保护板。

① 功率主板：功率主板包括了 DC/DC 推挽升压和 H 桥逆变两大部分。该机的 BT 电压为 12V，满功率时，前级工作电流可以达到 55A 以上，DC/DC 升压部分用了一对 190N08，这种 247 封装的只要散热做到位，一对就可以输出 600W，也可以用 IRFP2907Z，输出能力差不多。主变压器用了 EE55 的磁芯。前级推挽部分的供电采用对称平衡方式，这样做有两个好处：一是可以保证大电流时的两个功率管工作状态的对称性，保证不会出现单边发热现象；二是可以减少 PCB 反面堆锡层的电流密度，也可以大大减小因为电流不平衡引起的干扰。高压整流快速二极管，用 TO220 封装的 RHRP8120，这种管子可靠性很好。高压滤波电容是 $470\mu F/450V$ 的，在可能的情况下，尽可能用的容量大一些，对改善高压部分的负载特性和减少干扰都有好处。H 桥部分用的是 4 个 IRFP460，耐压 500V，最大电流 20A，也可以用性能差不多的管子代替，用内阻小的管子可以提高整机的逆变效率。H 桥部分的电路采用常规电路。功率主板的 PCB 图尺寸为 200mm×150mm。如图 5.36 所示。

② SPWM 驱动板：SPWM 的核心部分采用了 TDS2285 单片机芯片。U3、U4 组成时序和死区电路，末级输出用了 4 个 250 光耦，H 桥的两个上管用了自举式供电方式，简化电路，可以不用隔离电源。因为 BT 电压会在 10～15V 之间变化，为了可靠驱动 H 桥，光耦 250 的输出级工作电压一定要在 12～15V 之间，不能低于 12V，否则可能使 H 桥功率管触发失败。所以这里用了一个 MC34063（U9），把 BT 电压升至 15V。

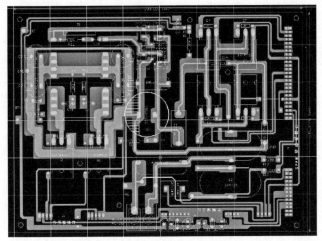

图 5.36　功率主板 PCB 图

整个 SPWM 驱动板通过 J1、J2 插口和功率板接通，各插针说明如下：

J2：2P～4P、7P～9P、13P～15P、18P～20P 分别为 H 桥 4 个功率管的驱动引脚，23P～24P 为交流稳压取样电压的输入端。J1：1P 为 2285 输出至前级 3525 第 10P 的保护信号连接端，一旦保护电路启动，2285 的 12P 输出高电平，通过该接口插针到前级 3525 的 10P，关闭前级输出；6P-7P-8P 为地 GND；9P 接保护电路的输出端，用于关闭后级 SPWM 输出；10P-11P 接 BT 电源。

SPWM 驱动板的 PCB 图如图 5.37 所示。

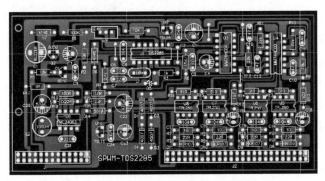

图 5.37　SPWM 驱动板的 PCB 图

③ DC/DC 驱动板：DC/DC 升压驱动板，采用一片 SG3525 实现 PWM 的输出，后级用二组图腾输出，经测试，如果用一对 190N08，图腾部分可以省略，直接用 3525 驱动就可以了。板上有两个小按钮开关 S1、S2，S1 是开机的，S2 是关机的，可以控制逆变器的启动和停机。驱动板是用 J3、J4 接口和功率板相连的，其中 J3 的第 1P 为限压反馈输入端。DC/DC 升压驱动的 PCB 图如图 5.38 所示。

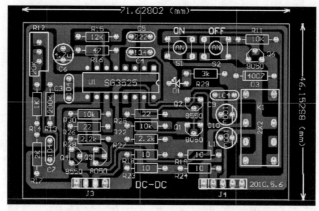

图 5.38　DC/DC 升压驱动的 PCB 图

(2) 主要部件

① SPWM 主芯片。SPWM 主芯片实物图如图 5.39 所示。

图 5.39　SPWM 主芯片实物图

② 主变压器。主变压器是制作逆变器的关键，本机主变压器用的磁芯为 EE55，材质 PC40，立式，脚位 11 加 11，脚粗 1.2mm。绕制数据：初级 2T 加 2T，用 10 根 0.93 的线。初级导线总面积为 6.8mm²，次级为 0.93 线一根，绕 60T。主变压器实物图如图 5.40 所示。

600W 正弦波逆变器主变压器：磁芯 EE55，立式骨架。初级 2T＋2T，用 0.93 线 10 根＋10 根，面积 6.8mm²，电感量为 28.7μH＋28.7μH。次级 0.93 线一根 60T，电感量 15.5μH，短路次级后漏感 0.4μH。

绕前准备：先准备骨架，把骨架上 22 个引脚剪去 4 个，下面红圈处就是表示已经剪去的脚。上面二个独立的脚是高压绕组用的，远离下面的脚有利于绝缘，中间及下面的脚是低压绕组用的，左边是一个绕组 2 圈，右边是另一个绕组 2 圈。变压器绕组如图 5.41 所示。

绕制步骤：

a. 先绕二分之一的高压绕组（次级），先在骨架上用高温胶带粘一层，这样做是为了防止导线打滑，用一根 0.93 线绕一层，约 30 圈（注意，高压绕组的线头要做好绝缘，套进一小段热缩套管，用打火机烤一下就紧紧包在线头上了），再用胶带固定住线头，不要散出来，并在高压绕组的外面用高温胶带包三层。

图 5.40　主变压器实物图

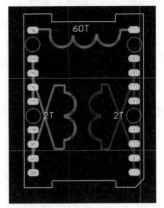

图 5.41　变压器绕组

b. 下面就可以绕低压绕组了（初级），低压绕组分成二层绕，也就是每一层是 2 加 2，用 5 根线并绕。低压绕组如图 5.42 所示。

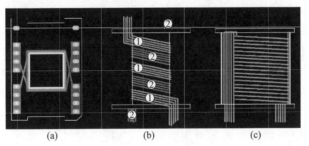

图 5.42　低压绕组

先用 5 根 0.93 线绕 2 圈 ［见图 5.42(b) 的①号线］，中间留空隙，再在空隙处用另外 5 根线绕 2 圈 ［见图 5.42(b) 的②号线］，每根线长约 37cm。用同样的方法绕二层，层间包二层胶带，这样就相当于用了 10 根线并绕。绕完低压绕组，在绕组外用高温胶带包三层。绕低压绕组要注意的问题是：线头留在下面，即骨架引脚处，线尾留长一点，暂时留在骨架的上面（等绕完高压绕组后要向下折下来）。从图 5.42(a) 可以看出，低压绕组的头和尾是有一段是重叠的，也就是不是 2 圈，而是约 2.2 圈，这样可以减少漏感。

c. 再继续绕高压绕组，绕完另外的 30 圈，要注意的是，这 30 圈要和里面的 30 圈绕向相同。如果一层绕不下，就把剩下几圈再绕一层。

d. 绕完高压绕组后，在外面用高温胶带包三层，就把低压绕组原先留在上面的线头折下来 ［见图 5.42(c)］，准备焊在骨架的脚上。去漆可以用脱漆剂，用棉签蘸一点脱漆剂抹在线头上，等一会儿漆掉下来就可以焊了。

e. 最后在整个绕组的外面包几层高温胶带，绕好的线包外观要饱满平整。

f. 现在可以插磁芯了，插磁芯之前要对磁芯的对接面做清洁处理，用胶带粘几下，把磁芯对接面的粉末全清洁干净，插入磁芯，用胶带扎紧，对磁芯对接处用胶水做固定。

这种方法绕制的变压器漏感比较小。用铜带绕制，漏感一般在 $0.8\mu H$ 以上，现在可以做到 $0.4\mu H$ 以下。原因是：因为铜带要焊引出线头，这样就留下了一个锡堆，再绕高压绕组时，中间就有一个空隙，导致耦合不紧。漏感测试示意图如图 5.43 所示。

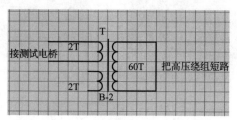

图 5.43　漏感测试示意图

一定要做一个耐压测试，任一个低压绕组对高压绕组的绝缘要在 1500V 以上，这样才可以放心使用。

③ AC 输出滤波磁环。磁环是采用直径 40mm 的铁硅铝磁环，用 1.18 的线，在上面穿绕 90 圈，线长约 4.5m，如果用磁导率为 125H/m 的磁环，电感量大约在 1.5mH，用磁导率为 90H/m 的磁环，电感量在 1mH 左右。经试验，用两个这样的磁环，每个电感量在 0.7mH 以上就可以正常工作了。绕制时分二层，第一层 45 圈，因为磁环外圈和内圈的周长不同，所以第一层绕时，内圈的线要紧密排列，而外圈的线是每圈之间留有一个空隙的。绕第二层时，内圈是叠在第一层线上，外圈是嵌在第一层线的空隙中。直径为 40mm 的铁硅铝磁环实物如图 5.44 所示。绕制完成的磁环如图 5.45 所示。

图 5.44　铁硅铝磁环实物

④ 散热风扇。本案例前级功率管和 H 桥的功率管都用风扇散热，这是一种小型风扇，比电脑上的 CPU 风扇还要小一点，实验证明，在 600W 输出的情况下，H 桥的 4 个功率管散热不成问题，但前级的两个功率管可能散热不够，如果有可能，最好用大一点的风扇。散热风扇如图 5.46 所示。

图 5.45　绕制完成的磁环

图 5.46　散热风扇

(3) 安装与调试

本机的安装调试并不复杂，但安装前必须做到两点。

① 所有元器件必须是好的，器件的耐压和工作电流一定要够，尽可能用新器件，装前对元器件作一番测试。

② PCB 质量一定要好，装前仔细地检查一下，有没有铜箔毛刺引起的短路等。

下面讲一下各板子的安装过程要注意的事项：

① 功率主板：功率主板的安装，因为都是一些大器件，所以安装是比较方便的。

大功率管的安装：先把大功率管的脚弯成如图 5.47 所示的样子，然后把管子金属面朝上将引脚插入焊接孔，在功率管的金属面上涂一点导热硅脂，再覆盖一层矽胶片做绝缘。再把散热器盖上，从 PCB 下面升上来一个 M3 的螺钉，拧在散热器上并拧紧，散热器就紧紧压在大功率管上了，再在反面把引脚焊好。这种装法主要是更换功率管比较方便。功率管如图 5.47 所示。

图 5.47　功率管

PCB 板上有几个元件是要装在反面的，即铜箔面，见图 5.48 黄色圈内的元件。

如图 5.48 中左侧 R10、R11、R12、C15、C16、C17 是 DC-DC 升压电路的吸收回路，因为本机前级用的是准开环，如果变压器漏感不大，这六个元件可以不装。

右边黄色圈内的 C14，是一个 CBB 电容，是跨接在 H 桥的正极和负极之间的，主要作用是滤除高压母线上的各种干扰及毛刺。

在快恢复二极管上都装一个小散热器，散热器上有一个脚也插入 PCB，反面焊好，起到固定二极管的作用。这四个二极管的位置，在画 PCB 时就做了散热考虑，把它放在 H 桥的风扇的出风口，让风扇吹着，一般不会太热。

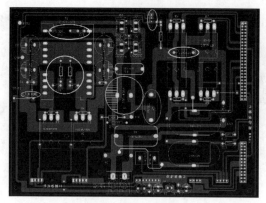

图 5.48　PCB 板

　　前级因为电流很大，PCB 的反面有 6mm 宽的留锡层，在装好全部元件后，在 PCB 引出线孔中插入 4 根 6mm 的电线（最好二红二绿，便于区别正负），再在反面留锡层上用 100W 左右的烙铁进行堆锡，一般要堆到 1mm 厚才可以。

　　② DC-DC 驱动板。板子装完后，接入 12V 直流电，按一下 S1 开关，驱动板就开始工作了，测一下工作电流，一般应该在 40mA 左右，将示波器探头接到图中 PWM 输出处，看到二路互为相反的 PWM 波输出，频率在 28kHz 左右，幅度为 12V。线路板测试如图 5.49 所示。

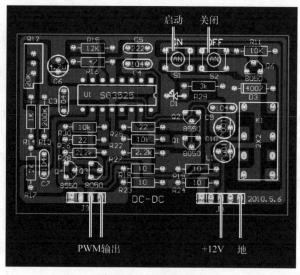

图 5.49　线路板测试

　　③ SPWM 驱动板。SPWM 驱动板，因为元器件较多，安装时一定要细心，元器件不能有问题，也不能装错。特别是板上的高速隔离光耦 TLP250。装好板子后，按图 5.50 接上 12V 电源，总电流应该在 120～130mA。SPWM 驱动板如图 5.50 所示。

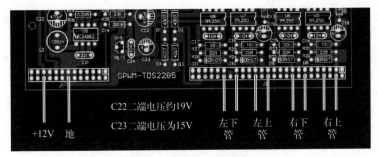

图 5.50　SPWM 驱动板

测 C22 二端应该在 19V 左右，C23 二端为 15V，说明升压电路部分正常。这时，就可以用示波器在 SPWM 输出端测到 SPWM 波形，见图 5.50 右边的引出脚。注意，因为二个上管是自主供电的，所以，在没有接 H 桥的情况下，只能测到二个下管的 SPWM 波形，二个上管的波形暂时测不到的，这是正常的。

(4) 整机调试

为了安全起见，一般是前后级分开来调试，等把前后级都调好了，再连起来调试。

① 前级的调试。先在电瓶的引线上接一个 15A 的保险丝，功率主板上的高压保险丝不要装，这样前后级就分开了。插上前级 DC/DC 驱动板，把万用表直流电压 700V 挡接在高压电解二端，开机（按一下 DC/DC 驱动板上的 ON 启动开关），前级就启动了，功率主板上的高压指示 LED 就亮了，这时，看直流高压为几伏。调试 DC/DC 驱动板上的 R12 多圈电位器，使高压输出在 370～380V 之间。此时，12V 的电流应该在 200mA 之内，说明前级正常。这里如果看 D 极波形，应该是杂乱的波形，因为是空载限压的状态下，这样的波形是对的。

可以稍稍为前级加点负载，可以用两个 100W 220V 的灯泡串联起来，接到高压电解的两端，这时电瓶电流可达到 12A 左右，让它工作一段时间，看看前级功率管有没有温升，如果温升不明显，可以把电瓶保险丝换大点，继续加大负载，一般在功率管散热正常的情况下，前级可以加到 600W 左右。在加载的情况下，再看 D 极波形，应该是正常的方波，稍有点尖峰是没有关系的，如果尖峰过大，说明变压器制作不过关，要重新绕制。

② 后级调试。调好前级后，再把前级的 DC/DC 驱动板拔下，在功率主板的高压保险丝座上，装上一个 1A 左右的保险丝，在高压电解两端接上一个 60V 左右的电压，作为母线电压，我是用一台双组的 30V 电源串起来当成 60V 用。插上 SPWM 驱动板，如果电路没有问题，这时，在 AC 输出端就可以测到正弦波了，电压在 40V 左右，可以接一个 36V 60W 的灯泡作负载。

③ 联机。在前后级都正常的情况下，可以把前后级连起来，完成整机调试。把前级的 DC/DC 驱动板重新插上，后级 AC 输出端的负载去掉，接上示波

器（示波器最好用 1∶100 的高压探头）和万用表（AC700V 挡），把高压保险丝换成一个 0.5A 的。开机按一下 DC/DC 驱动板的启动开关，如果后级元件耐压没有问题，此时，应该在示波器上可以看到正弦波了，波形应该正常。调整 SPWM 驱动板的多圈电位器 R7，就可以看到输出电压在变化，把它调在 225V 左右停下。

如果元器件性能不好或者安装不到位，会冒烟或者冒火。

让机器空载工作一段时间，如果没有出现意外，可以把高压保险丝换成 2A 的，慢慢加大负载，一般是 100W、200W、400W，一步一步地加，每加一点让机器老化一段时间，同时要密切注意前级功率管的温升，如果温度过高，要查出原因。

5.6.3　逆变器使用过程中注意事项

① 电压要相同，每一台逆变器都有接入直流电压的数值，例如 12V 和 24V，那么蓄电池电压一定要和逆变器直流电压相同，比如您的蓄电池是 12V，那么必须要用 12V 的逆变器才能使用。

② 逆变器输出功率一定要比电器的使用功率大，尤其对于启动时功率大的电器，如冰箱、空调等。

③ 逆变器的正、负极一定要连接正确。逆变器接入的直流电压标有正负极，红色为正极，黑色为负极，蓄电池上也同样标有正负极，红色为正极，黑色为负极，连接时必须正极接正极，负极接负极。连接线线径必须足够粗，并且尽可能减少连接线的长度。

④ 逆变器应放置在通风、干燥的地方，谨防雨淋，并与周围的物体有 20cm 以上的距离，远离易燃易爆品，切忌在该机上放置或覆盖其他物品，使用环境温度不大于 40℃。

⑤ 充电与逆变不能同时进行，即逆变时不可将充电插头插入逆变输出的电气回路中。

⑥ 发现机器有故障时，请不要继续进行操作和使用，应及时切断输入和输出，由合格的检修人员或维修单位检查维修。

⑦ 在连接蓄电池时，确认手上没有其他金属物，以免发生蓄电池短路，烧伤人体。

⑧ 基于安全和性能的考虑，安装环境应具备以下条件：

a. 干燥：不能浸水或淋雨。

b. 阴凉：温度在 0～40℃之间。

c. 通风：保持壳体上 5cm 内无异物，其他端面通风良好。

d. 请用干布或防静电布擦拭以保持机器整洁。

e. 在连接机器的输入输出前，首先将机器的外壳正确接地。

f. 为避免意外，严禁用户打开机箱进行操作和使用。

第6章
户外便携式储能产品设计方法及案例

便携储能产品是一种安全、便携、稳定、环保的小型储能系统，采用内置高能量密度的锂离子电池来提供稳定交直流电输出。它可以被视为"大型户外充电宝"，带电量通常为 0.2～2kWh，同时具有更大的输出功率 100～2000W，配有 AC、DC、Type-C、USB、PD 等多种接口，可匹配市场上主流电子设备，广泛应用于户外旅行、应急备灾等场景。便携式储能产品体积小、重量轻，适宜于需要移动使用电力的场景，结合太阳能电池板使用，可以实现快速充电，因此在户外活动和应急救灾中有广泛应用，从应用场景看，户外运动、应急市场的普及是推动便携式储能爆发的核心。便携式储能出货量中户外场景占比 43.6%，应急场景占比 41.5%，其他场景占比 14.9%。

① 在户外活动中，便携储能产品应用在徒步、野营、钓鱼、骑行、房车旅行等各类户外场景中，可为手机、电脑、摄影设备、照明灯等设备提供绿色电力。美国和中国作为全球最大的发达国家和发展中国家，居民生活消费水平较高，对于户外休闲娱乐活动需求最大，是便携式储能户外活动应用的主要市场。

② 应急备灾，便携式储能可以作为应急电源以满足自然灾害或突发情况对于电力的需求，实现离网电力供应，保障人民在紧急状况时的电力需求。随着消费者灾害防护意识的提高，便携式储能的渗透率有望加深。日本是全球自然灾害发生最频繁的国家之一，人民防护意识较高，也是应急备灾场景的主要市场之一。如图 6.1 所示为户外便携式储能电源的应用范围。

便携式储能产品分类：

① 按带电量划分。带电量 0.5～1kWh 是目前市场的主流产品，普及率高，产品结构和系统相对简单，向小型化、轻便化、时尚化的方向发展。带电量 1.5kWh 以上

图 6.1 户外便携式储能电源应用范围

的产品，弥补了柴油发电机和充电宝之间的空白市场。2022 年，美国、中国人均用电量约合 12kWh/天、2kWh/天，所以 0.5～1.5kWh 便携式储能基本能满足一人到多人短途出游对于用电的需求。

② 能否与太阳能板搭配使用。部分型号的产品支持与太阳能板搭配使用，可以通过太阳能板进行充电，延长了便携式储能产品的使用时间。

目前使用较为广泛的储能产品主要有便携式储能电源、燃油发电机及充电宝三种类型。其中充电宝功率及容量较小、轻巧便携，常用于为手机、平板等小型消费电子充电；便携式储能电源及燃油发电机可当作户外储备电源使用。与燃油发电机相比，便携式储能电源具有重量轻、安全便携、操作简单、无噪声、绿色环保等优点，但价格稍贵，未来可广泛替代小型燃油发电机。三种设备对比如表 6.1 所示。

表 6.1　三种设备对比

项目	便携式储能电源	燃油发电机	充电宝
使用能源	电能	柴油，汽油	电能
功率	1～3kW	2～8kW	10～100W
容量	100～3000Wh	—	20～100Wh
体积和重量	重量较轻，单人可以搬运	重量重，需要两人以上搬运	重量轻，体积小
购买成本	以 Powerfar 为例，1000Wh 的便携式储能产品售价 2700 元	以森久为例，2.8kW 的汽油发电机售价 2020 元	50～300 元不等
使用方法	操作简单，即插即用，节省准备时间	接口较多，操作较为复杂	操作简单，即插即用
使用寿命	4000 次完整循环后约 80% 初始电量	可使用 10000～30000h	可充放电 300～500 次，一般为 2～3 年

燃油发电机：燃油发电机就是以柴油、汽油、重油作为燃料的发电机，整套机组结构一般由燃油机、发电机、控制箱、燃油箱、启动和控制用蓄电瓶、保护装置、应急柜等部件组成。

Wh：电量单位，代表发电机工作 1h 消耗或产生 1W 的能量，是英文 Watt-hour 的缩写。1000Wh＝1kWh。

kW：千瓦是一个功率单位，早期为电的功率单位。现在延伸为整个物理学领域功率单位。在电学上，千瓦时与度完全相等。功率是指物体在单位时间内所做的功的多少，即功率是描述做功快慢的物理量。功的数量一定，时间越短，功率值就越大。

便携式储能产品成本中电芯、逆变器占比超过 50%。便携式储能产品主要由电池组、逆变器、BMS 电池管理系统和电子元器件、外壳等组成。

6.1　户外便携式储能产品外观 ID 设计

储能电源是指可以将储存的电能转换成电池的一种设备。由于电池作为储能装置存在安全隐患，因此在选择储能电源时，除了基本功能需求，外观设计也是一个重要的考虑因素。本章将介绍储能电源外观设计的相关知识，以期为用户提供更加安全、美观、实用的储能电源产品。

6.1.1　户外储能电源外观设计应该满足的要求

① 符合安全要求：储能电源的外观设计应该符合相关安全标准，例如防火、防爆等，确保使用者的安全。

② 满足功能需求：储能电源的外观设计应该与其储能功能相适应，便于携带和安装。例如，可以采用紧凑型设计，方便携带和存放。

③ 方便使用：储能电源的外观设计应该符合用户操作习惯，便于用户携带和使用。例如，可以配备方便的手柄或者把手，方便用户提拿和搬运。

④ 方便维护：储能电源的外观设计应该便于日常维护和清洁。例如，可以设计易于拆卸和组装的结构，方便维护和清洁。

6.1.2　储能电源外观设计需要遵循的原则

① 轻量化原则：储能电源的外观设计应该尽可能轻巧，减少额外的负担，方便携带和存放。

② 高效性原则：储能电源的外观设计应该尽可能高效，节省能量，减少充电时间。

③ 美观原则：储能电源的外观设计应该符合美学要求，与其储能效果相协调，增强其美感和视觉效果。

④ 人机交互原则：储能电源的外观设计应该注重人机交互体验，方便用户操作和使用。如图 6.2 所示为一款户外便携式储能电源的实物图。

图 6.2　户外便携式储能电源

6.1.3　储能电源案例分析

以一款名为 "Powerfar" 的储能电源为例，介绍其外观设计理念和实践。该储能电源是一款便携式储能产品，其外观设计主要考虑了以下几个方面。

① 功能性：考虑到消费者需要一个方便携带的充电宝，"Powerfar" 的外观

设计采用了轻巧、易于收纳的设计，方便用户携带和使用。同时，其外观设计还考虑到了太阳能充电板的放置和连接方式，使太阳能板能够更好地与储能产品集成。

② 美学性："Powerfar"的外观设计考虑到了消费者的审美需求和品牌形象，采用了简约时尚的外观设计，让消费者在使用的同时还能够享受到美好的视觉体验。

③ 环保性："Powerfar"的外观设计采用了植物纤维材料制作外壳，这种材料可降解、可再生，体现了产品的环保特点。此外，在外观设计中还加入了可降解元素，如植物印花等，以突出产品的环保特性。

储能电源的外观设计对于其在市场上的表现和消费者的购买意愿具有重要的影响。因此，在进行储能电源外观设计时，需要考虑功能性、美学性和环保性等多方面的因素。同时，还需要遵循简洁性、可用性、易识别性和环保性等设计原则，以保障产品的实用性和环保特性。通过这些措施的实施，有助于提高储能电源的市场竞争力和环保形象，为消费者提供更好的产品体验。

户外便携式储能电源由主控制模块、DC/AC 逆变器模块、MPPT 充电管理模块、BMS 电池管理模块、LED 照明模块、电池组等组成。如图 6.3 所示为户外便携式储能电源整体结构示意。

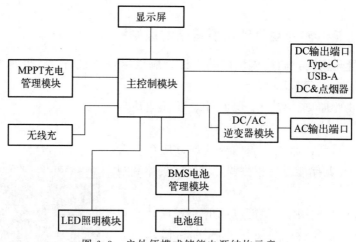

图 6.3　户外便携式储能电源结构示意

市面上各品牌款式和输出功率均存在一定差异。本案例储能电源主控方案由深圳斯路迅提供，PCB 整体布局紧凑合理，系统供电平台 12V、24V、48V 均有成熟的应用方案，BMS 宽电压解决方案，支持 4 串到 16 串磷酸铁锂电池和三元锂电池组，相比于市面上大部分新能源产品安全系数更高、高温性能更好、循环寿命更长、更环保。

6.2　储能产品结构设计

随着能源消耗的增加和环境污染的加剧，储能技术逐渐成为解决能源问题的重要手段。储能产品结构设计对于提高能源利用效率，实现能源的可持续发展具有重要意义。储能结构是指将能量储存在特定的物质或装置中，并在需要时释放出来的技术体系。储能产品结构设计的原则：

① 安全性：储能产品结构设计应确保储存能量的安全性，避免发生火灾爆炸等意外事故。因此，储能产品结构的材料选择、结构设计和防护措施都需要满足安全标准，确保使用过程中的人身安全和财产安全。

② 高效性：储能产品结构设计应追求高能量密度和高能量转换效率。高能量密度可以提供更大的能量储存容量，而高能量转换效率可以减少能量转化过程中的能量损失，提高能源利用效率。

③ 稳定性：储能产品结构设计应具备良好的稳定性，能够在长期使用和频繁循环充放电过程中保持稳定的性能。稳定的储能结构能够提供持久可靠的能源供应，满足用户对能源的需求。

④ 可持续性：储能产品结构设计应考虑可再生能源的利用和环境保护。可再生能源如太阳能、风能等具有可持续性，储能产品结构的设计应充分利用这些能源，并减少对传统能源的依赖，从而实现能源的可持续发展。

6.2.1　结构设计分析

如图 6.4 所示为一款 600W 的户外便携式储能电源，在前面板上主要由显示屏的主控制模块、直流输出、交流输出和交流输入、LED 照明灯组成。

(1) 显示屏的主控制部分

显示屏主要用于显示电池的电量百分比、充电输入功率、输出交直流功率等。在显示屏的上方正中心设置了一个开关按键，可以控制显示屏的打开与关闭。

① 主控制模块

户外便携式储能电源的主控制模块是储能电源非常重要的核心部件，是储能电源的中央管理系统，它能够监测和控制太阳能电池板、储能电池和逆变器等设备的运行状态，并且具有良好的可靠性；严格守护各模块第一道安全权限，以确保储能电源安全高效运行。

图 6.4　户外便携式储能电源

主控制模块集成了多数 DC/DC 电源应用，常规对外输出接口有汽车点烟器、DC12V、Type-C、USB QC3.0、无线充、LED 照明灯等。

目前输出接口有 Type-C 30W-140W、USB QC3.0、USB QC2.0、USB 5V@2.4A、15W 无线充等。输出支持协议有 Type-C PD3.1，PPS 协议快充 FC、FCP、AFC、SCP、VOOC、super VOOC 等多种 DPDM 快充协议，可兼容市面上大部分数码设备充电需求。如图 6.5 所示为主控制模块的实物图。

图 6.5　主控制模块

② LCD 显示屏

一块彩色 LCD 显示屏。LCD 显示屏可显示电池电量百分比、AC 和 DC 放电使用时间、AC 和 DC 单独或叠加放电功率、DC 充电功率、输出频率、风扇、DC、USB、Type-C、AC 输出、警告显示图标，通过 LCD 显示屏信息可实时查看整机工作状态是否正常。如图 6.6 所示为 LCD 显示屏的显示界面。

图 6.6　LCD 显示屏

（2）直流输出接口

直流输出有三部分。

① 第一部分是由四个 USB 接口组成，其中 2.4A 5V 两个接口是普通的 USB A 接口，是传输电流的一种规格，是储能电源的重要输出端口，主要将电池组电压转换成 5V 电压输出，根据协议请求输出特定电压和功率，能满足主流手机和其他数码设备充电需求。USB A 输出模块主要由降压功率单元、运算单元、协议单元和输出接口等组成。如图 6.7 所示为 USB A 接口实物图。

USB A 输出模块正常启动后，默认输出 5V 电源，当有外接设备请求充电时，外接设备会与协议单元通信请求，符合协议充电需求的，协议单元会将协议请求发送至运算单元，运算单元按协议控制降压单元对外输出，完成给接入设备充电过程。如图 6.8 所示为 USB A 输出模块结构图。

另外两个接口是 QC3.0 快充口，最高电压 22V，最大电流 2.6A 或者 4.6A。最大功率还是 18W。主要是增加了电压动态调整，可以根据需要微调充电电压，减少损耗和降低发热。QC3.0 是 QC2.0 的升级版，最大改进是 QC3.0 支持输出电压为 0.2V 变量为一挡进行变化。QC2.0 只支持四组固定的电压输出，而

QC3.0 支持输出电压在 3.6V 到 20V。QC3.0 协议和 QC2.0 一样也有 Class A 和 Class B，Class A 标准的 QC3.0 支持输出电压在 3.6V 至 12V 变化，Class B 标准的 QC3.0 支持输出电压在 3.6V 至 20V 变化，市场上的充电器、充电宝都是以 Class A 标准为主的。

图 6.7　USB A 接口

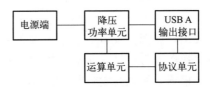

图 6.8　USB A 输出模块结构图

在四个 USB 接口的上面设计了一个按键开关，当使用者想给用电器充电时，可以打开这个开关使用。

② 第二部分是 PD 100W 快充接口，在 USB 开关的上部设计了一个 Type-C 的 PD 100W 快充口，PD 快充是由 USB-IF 组织制定的一种快速充电规范，是目前主流的快充协议之一。

Type-C 接口，又称为 USB-C 接口，是一种新型的通用接口标准，具有传输速度快、支持多种协议、方便易用等特点。Type-C 接口采用了双面插拔的设计，无论正反面都可以插入，方便用户使用。此外，Type-C 接口还支持多种传输协议，如 USB 3.1、DisplayPort、Thunderbolt 等，可以满足用户多样化的需求。如图 6.9 所示为 Type-C 接口的实物图。

Type-C 输出模块，负责将储能电源电池组电压，转换成 Type-C 接口当前设备请求电压和功率，给请求设备供电。如常规数码设备充电功率是 15W 至 100W，充电参数有 5V/3A、9V/3A、12V/3A、20V/5A 等。

Type-C 输出模块由降压功率单元、运算单元、协议单元、采样单元、输出接口等组成。如图 6.10 所示为 Type-C 输出模块组成结构。

图 6.9　Type-C 接口

图 6.10　Type-C 输出模块组成结构

Type-C 输出模块在输出接口端收到接入请求，送往采样单元处理，采样单元将有效请求送运算单元处理，运算单元分析接入设备的协议请求，与协议单元配合调节降压功率单元，通过采样单元反馈数据，判断输出状态，对输出进行精准调控。

③ 第三部分是 DC12V 的输出接口，主要有 5521 接口和汽车点烟器接口。

DC5521 是一种常见的 DC 电源线，插头外径的直径为 5.5mm，内径为 2.1mm。如图 6.11 所示为 DC12V 5521 接口实物图。

汽车点烟器是汽车的一个设备。传统意义的点烟器从汽车电源取电，加热金属电热片或金属电热丝等电热单元，作为点烟取火源。随着汽车的发展和人们需求的不断变化，点烟器接口通常可配置车载逆变器，可为移动电子设备充电等。其接口中间弹性头为正极，两边卡扣为负极，电源与汽车电池直接连接，电流功率等与电池相同。如图 6.12 所示为汽车点烟器实物图。

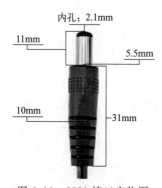

图 6.11　5521 接口实物图

图 6.12　汽车点烟器实物图

储能电源的点烟器输出接口，是通过硬件降压电路，模拟汽车点烟器功能输出的一个设备接口。

储能电源的 DC 输出接口，是通过硬件降压至 13.6V、一般的数码设备充电常采用的接口，如给 LED 照明小夜灯、小风筒等移动电子设备充电。

储能电源的点烟器和 DC 输出模块由降压功率单元、运算单元、采样单元、点烟器和 DC 输出接口等组成。如图 6.13 所示为点烟器和 DC 输出模块结构。

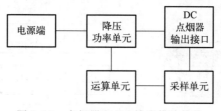

图 6.13　点烟器和 DC 输出模块结构

储能电源的点烟器和 DC 输出模块正常启动后，默认输出空载为 13.6V 电源，当有外接用电设备接入后，采样单元工作将实时值发送至运算单元，运算单元根据实时电压电流等值，控制降压功率单元工作在 CV/CC 的状态。储能电源的点烟器和 DC 的输出具有 CV/CC 特性，当输出电流小于设定值，输出 CV 模式，输出电压恒定；当输出电流大于设定值，输出 CC 模式，输出电压降低至保护设定值。这里简单讲解一下 CV 和 CC 模式。

CC 指的是直流电源的恒流模式，CV 指的是直流电源的恒压模式。

在这里将以直流电源吉时利的 2200-30-5 为例来介绍恒流恒压的设置方法。

① 直流电源的恒压模式通常为默认的模式，正常工作情况下开机都是在恒压模式，通过面板 V-set 键可以设置电压范围内的任何电压，而 I-set 为电流限制。上面一格的 output 可以看到当前相应的电压和电流，恒压模式下电压维持和设置的输出电压基本一致，电流则因负载不同而变化。吉时利的 2200-30-5 实物如图 6.14 所示。

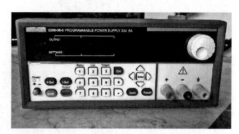

图 6.14　吉时利的 2200-30-5

② 恒流模式是保持电流输出稳定，而电压可变。当接上负载后，电路中的电流大于预先设置的电流值时，电源就会自动由 CV 状态切换成 CC 状态，也就是恒流模式。

电源与电子负载连接验证：电源与电子负载连接时工作模式不同，电源为恒压模式，则电子负载必须设置为恒流模式。反过来也是如此。

① 电子负载 CC 模式下，我们可以调整电流值大小，即恒定电流值大小。设置完毕之后，与电源连接，在正常的情况下，回路中的电流为我们在负载上设置的电流，且此电流恒定。可以用于测试恒压的电源，即改变电子负载的电流值时电源的输出电压是否能够做到恒定不变。

② 电子负载 CV 模式下，我们可以调整电压值大小，用于控制回路中负载的两端电压。设置完毕之后，与电源连接，在正常的情况下，负载两端的电压为我们在负载上设置的电压，且此时电压是恒定的。可以用于测试恒流输出的电源，即改变电子负载电压，验证电源输出时电流是否能恒定。

AC 输入充电主要有 7909 和三孔梅花插座两种接口。如图 6.15 所示为 7909 母座实物图，如图 6.16 所示为三孔梅花插座实物图。

交流输出口设计有两个万能三相插座，也可以根据不同国家使用者的需求更换为欧规、美规、澳规等，同时为了保证用电安全，在两个交流输出插座的上面设计了一个开关按键，当使用者需要使用交流电时可以单独打开这个开关用电，不使用时可以保持关闭此开关，从而保证用电的安全，避免小朋友误触发生危险。如图 6.17 所示为交流输出口实物图。

图 6.15　7909 母座实物图

图 6.16　三孔梅花插座实物图

图 6.17　交流输出口实物图

（3）插座，又称电源插座、开关插座

插座是指有一个或一个以上电路接线可插入的座，通过它可插入各种接线。这样便于与其他电路接通，通过线路与铜件之间的连接与断开，来实现该部分电路的接通与断开。

插座的执行标准通常会因国家和地区而有所不同。以下是国际上一些常见的插座标准。

① NEMA 标准（美国和加拿大）：美国和加拿大使用 NEMA（National Electrical Manufacturers Association）标准，其中包括各种类型的插座和插头。不同类型的插座用于不同的电器设备和电压。

② BS 标准（英国）：英国使用 BS（British Standard）标准，插座和插头通常是三楔形引脚，电压为 230V。

③ IEC 标准（国家电工委员会）：IEC 是国际电工委员会的标准，它制定了一些国际上通用的插座和插头标准。例如，IEC60906-1 标准规定了用于 120V 和 230V 电压的插座和插头类型。

④ 欧洲标准：欧洲大部分国家采用 CEE（欧洲电器委员会）标准，这些标准规定了插座和插头的类型和电压。

⑤ AS 标准（澳大利亚）：澳大利亚使用 AS/NZS（澳大利亚和新西兰标准）标准，插座和插头的设计和规格受这些标准的约束。

需要注意的是，不同国家和地区可能使用不同的标准，因此在选择插座和插头时，需要确保符合所在地区的电气标准，以确保安全和合规性。此外，某些插座可能还包括 USB 充电端口，以适应现代电子设备的需求。

如图 6.18 所示为户外便携式储能电源的后面板，后面板采用了极简洁的设计风格，仅以一整片长方形的塑胶件作为这款储能电源的后面板。在后面板的四个边角位置设计了小凹面的结构，保证设计风格简洁的前提下又显得不那么单调。

如图 6.19 所示为户外便携式储能电源的前面板，前面板上一共开有 21 个孔，由于前面板开孔过多，为了保证前面板的整体结构强度，在结构设计时对材料的厚度进行了一定的加强，保证前面板在装配完成后，使用者在对前面板操作插拔接头时面板不会发生变形现象。在前面板的底部一圈设计了小凸台结构，这是为了与储能电源的主体结构进行装配固定同时去掉了前面板上螺钉的锁定结构，保证了产品外观的美观性。

图 6.18　户外便携式储能电源（后）

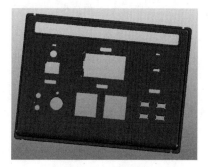

图 6.19　前面板

如图 6.20 所示为前面板的背面结构，为了保证前面板的整体强度在背面有开孔的位置设计了加强筋结构，加强筋采用的是♯字型的结构，在需要固定螺钉的位置对应设计有螺柱，同时在螺柱的四周都设计有小的加强筋结构，在接口处插拔时以免接口处受到压力过大而损坏。

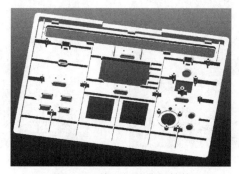

图 6.20　前面板的背面结构

如图 6.21 所示为储能电源的后面板结构件，在后面板的底部一圈设计了小凸台结构，为了与储能电源的主体结构进行装配固定，同时省掉外部的螺钉锁定结构、增加后面板的辨识度，特意在四个边缘地带设计了小凹面结构。

如图 6.22 所示为后面板的内部结构，后面板结构部分没有任何的开口设计，同时为了加强后面板的整体结构设计了♯字型交叉的加强筋，在不增加零件整体重量的前提下，保证后面板具有足够的强度。

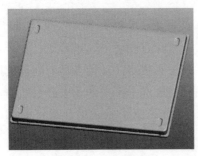

图 6.21　后面板　　　　　　　　图 6.22　后面板的内部结构

如图 6.23 所示为侧面板的结构件，左右共有两个对称的侧面板，在侧面板的正中偏上的位置设计了一个通风孔位，由有十个长条的小风道组成。在侧面板两侧设计有两个长条的凸出结构，主要通过这两个长条结构与产品主体结构进行组合和固定。产品的底部左右两侧设计了两个小凹面的机构，也是增加产品整体的美观。

如图 6.24 所示为侧面板的内侧结构，上部为通风孔位的内部结构，为了保证侧面板表面的强度，特别在内侧增加了两条加强筋，在不过多增加零件整体重量的前提下，增强了整体的结构强度。

图 6.23　侧面板　　　　　　　　图 6.24　侧面板内侧结构

如图 6.25 所示为这款储能电源主体结构的底座部分，主要由一个底部的底板和周围的四个立柱组成。底板主要的作用是承接储能电源的电池组、BMS、逆变器等重量，所以它的强度就非常重要，在设计底板的底部时在底部设计了多条高度 1mm 的加强筋用来加强底部强度，在底板四周设计了更高的加强筋用来加强整个底板。

如图 6.26 所示为底座结构的底部结构，从图中可以看出底板和周围的四个立柱是一体成型的，这样的设计主要是为了可以有更好的结构强度。从图中可以看到，为了使产品可以更好地放置在不同光滑度的表面，在四个角落设计了四个可以安装防滑垫的结构。

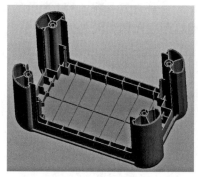
图 6.25 底座部分

图 6.26 底座的底部结构

如图 6.27 所示为这款储能电源的逆变器，主要功能是把直流电能（锂离子电池）转变成交流电（一般为 220V 50Hz 正弦或方波）。逆变器是一种将直流电（DC）转化为交流电（AC）的装置，它由逆变桥、控制逻辑和滤波电路等组成。

在前面板的顶部设计了一个长条的 LED 灯带，开关设计为一个较大的梯形形状，在夜晚时方便使用者更容易找到这个开关，同时 LED 灯带在顶部中间位置，使用者可以在夜晚找到按键位置，在夜晚方便使用者使用 LED 灯带进行照明，同时可以照亮前面板上的各种接口，使用者更容易在夜晚操作。

图 6.27 逆变器

如图 6.28 所示为这款储能电源的照明装置 LED 灯板，从图中可以看到其一共由九颗 LED 光源组成的，为了保证有足够的照度，采用的是单颗 LED 光源光效达到 140lm/W 的灯珠，显色指数为 $Ra=85$，色温为 4000K，同时为了保证有更好的导热性能，在铝基板的两侧共设计了六个螺钉固定孔位，保证有足够的散热效果，可以大大降低 LED 光源的光衰，达到长期稳定照明的效果。

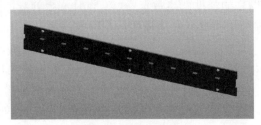

图 6.28　LED 灯板

如图 6.29 所示为 LED 光源板的扩散板，主要是放置在 LED 光源的前面，起到将单颗 LED 光源发出的强光打散的作用，使发出的光线更加柔和均匀。

图 6.29　扩散板

这里简单介绍一下扩散材料的知识。

作用机理：光扩散材料的作用机理主要是在扩散板基材中加入有机或者无机粒子作为散射粒子，使光线在经过散射层时不断在两个折射率相异的介质中发生折射、反射与散射，以此产生光学扩散的效果。

作为光扩散材料的基材要求有很高的光透过率，常见基体材料主要有PPMMA、PS 和 PC，常见基体光折射率如表 6.2 所示。

表 6.2　常见基体光折射率

材料种类	光折射率
PC	1.49
PMMA	1.59
PS	1.59

折射率决定着材料看上去的光亮程度，较大的折射率表明在材料与空气的交界面上有更多的光线被反射。一般来说，折射率愈高，透光率愈低。

按光扩散剂的成分来分可将其分为有机扩散剂和无机扩散剂两种。

·有机光扩散剂：这一类光扩散剂主要有丙烯酸型、有机硅型，聚乙烯型等，目前应用最广的是丙烯酸类和有机硅类光扩散剂。这一类光扩散剂具有很好的透过率。有机硅有添加量少和雾度好的优点，丙烯酸的透过率较好。

• 无机光扩散剂：主要有纳米硫酸钡，二氧化硅、碳酸钙等，这些无机型光扩散剂从微观角度上讲是个实心微珠球，光线很难透过实心球体，会影响很多光线的透过，只有部分光线可折射通过，因此影响亮度或透光，目前用得比较少。

几种光扩散剂的折射率如表 6.3 所示。

表 6.3 几种光扩散剂的折射率

光扩散剂种类	光折射率
有机硅类	1.43
丙烯酸类	1.49
二氧化硅类	1.65
碳酸钙类	1.53～1.68

常见的 LED 灯光扩散材料要求如下：
① 高透光、高扩散、无眩光、无光影。
② 光源隐蔽性要好。
③ 具有良好的流动加工性、尺寸稳定性、耐候性、耐热性。
④ 高阻燃，同时具有高抗冲击强度。
⑤ 透光率超过 80%。

光扩散材料的特点：光扩散材料优点是在保证高透光率的前提下，增加了产品的光扩散率和雾度，通过扩散板的作用，使整个板面形成了一个均匀的发光面而不形成暗区。目前光扩散板分为 PC 光扩散板、PMMA 光扩散板及 PS 光扩散板三种。但是，PMMA 材质不耐刮，PS 材质耐热阻燃性较差，目前在 LED 灯罩中 PC 材质用得较多。几种光扩散板性能对比如表 6.4 所示。

表 6.4 几种光扩散板性能对比

性能	PC	PMMA	PS
透光率	较好	很好	较好
雾度	很好	很好	很好
防火性能	UL-V0/V2	不防火	不防火
单位质量/(g/cm^3)	1.2	1.2	1.05
弯曲强度/MPa	≥100	≥70	≥50
热变形温度/℃	≥130	≥100	≥100

如图 6.30 所示为 LED 照明灯的乳白色灯罩，主要作用是被扩散板打散的光线再经过乳白色的灯罩二次光线光学处理，使最终射出来的光线更加柔和，给使用者更加舒适的使用体验。

如图 6.31 所示为顶部主框架的结构设计，从图中可以看到此结构为产品的提手结合顶部主框架部分，采用的是整体提手的设计思路，简约而不简单。有一

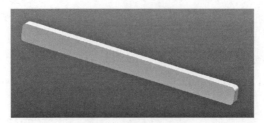

图 6.30　乳白色灯罩

个梯形的镂空设计为下方 LED 照明灯的开关键，长按即可打开 LED 照明灯，再次长按即可关闭。

　　如图 6.32 所示为顶部主框架内部结构，此部分结构主要与底座部分固定从而形成产品的主体架构。内部设计了用来加强结构的加强筋，同时在螺柱的四周设计了较小的加强筋结构。

图 6.31　顶部主框架结构

图 6.32　顶部主框架内部结构

　　如图 6.33 所示为储能电源顶部面板结构，其内嵌在顶部主框架的中间位置，主要通过分布在结构两侧的四个孔位固定在顶部主框架上，螺钉从内部将顶部面板锁定在顶部主框架。

　　如图 6.34 所示为顶部面板的背面结构，因为这个零件表面积较大而且是顶部的结构件，为了增加产品的整体强度，在顶部面板的内部设计了多条加强筋，由于所有加强筋都是设计在顶部面板的背面，所以不会影响产品的整体外观。

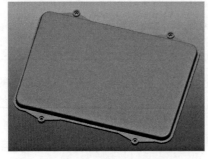

图 6.33　顶部面板结构

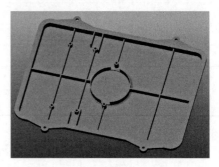

图 6.34　顶部面板的背面结构

如图 6.35 所示为顶部面板带 WiFi 充电标识实物图，设计好无线充电可放置的充电范围，在需要无线充电时方便使用者快速找到充电区域。

图 6.35 顶部面板带 WiFi 充电标识

（4）无线充输出模块

无线充电器是利用电磁感应原理进行充电的设备，其原理和变压器相似，通过在发送和接收端各安置一个线圈，发送端线圈在电力的作用下向外界发出电磁信号，接收端线圈收到电磁信号并且将电磁信号转变为电流，从而达到无线充电的目的。无线充电技术是一种特殊的供电方式，它不需要电源线，它将电磁波能量转化为电能，实现无线充电。

主流的无线充电标准有五种：Qi 标准、Power Matters Alliance（PMA）标准、Alliance for Wireless Power（A4WP）标准、iNPOFi 技术、Wi-Po 技术。Qi 是全球首个推动无线充电技术的标准化组织——无线充电联盟（Wireless Power Consortium，简称 WPC）推出的"无线充电"标准，具备便捷性和通用性两大特征。Power Matters Alliance 标准是由 Duracell Powermat 公司发起的，而该公司则是由宝洁与无线充电技术公司 Powermat 合资经营，拥有比较出色的综合实力。A4WP 是 Alliance for Wireless Power 标准的简称，由美国高通公司、韩国三星公司以及前面提到的 Powermat 公司共同创建的无线充电联盟创建。iNPOFi(invisible power field) 即"不可见的能量场"。无线充电是一种新的充电技术。

无线充电标准不同，其硬件电路就有差异，无线充电输出模块由电源供电、整流电路、控制保护电路、发射天线等组成。如图 6.36 所示为无线充电输出模块组成图。

无线充电输出模块启动后，平时工作在待机状态，外部请求充电时才会转至全功率输出状态。工作过程是请求电源供电，由整流电路按一定的频率整流，用发射天线发送电磁波，当有设备接近时形成感应，与发射端进行协议互换，控制保护电路启动、发射天线进行电能转换，为磁场充电。

如图 6.37 所示为逆变器两侧的风道设计，根据这款逆变器的整体发热量，

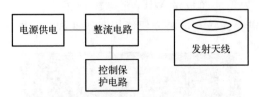

图 6.36　无线充电输出模块组成图

一共设计了三个风扇进行强制被动散热，进风方向采用两个风扇进行外部空气的引入，出风方向采用一个较大的风扇将产品内部主要由逆变器产生的热量带出去，从而保证逆变器工作在一个安全的温度范围内。

如图 6.38 所示为逆变器的固定支架结构，材料为钣金，此结构的主要功能是将逆变器固定在支架上面，同时将逆变器放置在适合的风道位置，将逆变器运行时产生的热量可以迅速带出到外部环境中，在固定支架的底部有足够的空间放置锂离子电池组。这里简单介绍一下钣金的知识。

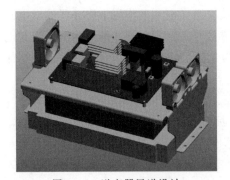

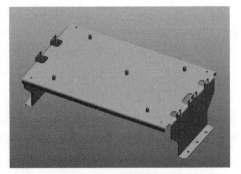

图 6.37　逆变器风道设计　　　　　　图 6.38　逆变器固定支架

钣金是一种针对金属薄板（通常在 6mm 以下）的综合冷加工工艺，包括剪、冲/切/复合、折、焊接、铆接、拼接、成型（如汽车车身）等。其显著的特征就是同一零件厚度一致。通过钣金工艺加工出的产品叫作钣金件。

钣金件特点：钣金件具有重量轻、强度高、导电（能够用于电磁屏蔽）、成本低、大规模量产性好等特点，在电子电器、通信、汽车工业、医疗器械等领域得到了广泛应用，例如在电脑机箱、手机、MP3 中，钣金件是必不可少的组成部分。随着钣金件的应用越来越广泛，钣金件的设计变成了产品开发过程中很重要的一环，结构工程师必须熟练掌握钣金件的设计技巧，使得设计的钣金件既满足产品的功能和外观等要求，又能使得冲压模具制造简单、成本低。

适合于冲压加工的钣金材料非常多，广泛应用于电子电器行业的钣金材料包括：

① 普通冷轧板（SPCC）。SPCC 是指钢锭经过冷轧机连续轧制成要求厚度的

钢板卷料或片料。SPCC 表面没有任何的防护，暴露在空气中极易被氧化，特别是在潮湿的环境中氧化速度加快，出现暗红色的铁锈，在使用时表面要喷漆、电镀或者其他防护。

② 镀锌钢板（SECC）。SECC 的底材为一般的冷轧钢卷，在连续电镀锌产线经过脱脂、酸洗、电镀及各种下游处理制程后，即成为电镀锌产品。SECC 不但具有一般冷轧钢片的力学性能及近似的加工性，而且具有优越的耐蚀性及装饰性外观。在电子产品、家电及家具的市场上具有很大的竞争性及取代性。例如电脑机箱普遍使用的就是 SECC。

③ 热浸镀锌钢板（SGCC）。热浸镀锌钢卷是指将热轧酸洗或冷轧后之半成品，经过清洗、退火、浸入温度约 460℃ 的熔融锌槽中，而使钢片镀上锌层，再经调质整平及化学处理而成。SGCC 材料比 SECC 材料硬、延展性差（避免深抽设计）、锌层较厚、电焊性差。

④ 不锈钢（SUS301）。Cr（铬）的含量较 SUS304 低，耐蚀性较差，但经过冷加工能获得很好的拉力和硬度，弹性较好，多用于弹片弹簧以及防 EMI。

⑤ 不锈钢（SUS304）。使用最广泛的不锈钢之一，因含 Ni（镍）故比含 Cr（铬）的钢较富有耐蚀性、耐热性，拥有非常好的力学性能，无热处理硬化现象，没有弹性。

6.2.2　结构设计技巧

产品结构设计原则就是在产品结构设计时遵循的基本思路和规则，这些基本规则让产品结构设计更合理，无论塑胶产品还是五金产品，产品结构设计的原则包含选用合理材料、选用合理结构、尽量简化模具结构及成本控制等。所有的产品都是由材料构成的，在设计产品时，首先要考虑的是材料的选用。材料不仅决定了产品的功能，还决定了产品的价格。

（1）根据产品的应用场景来选择

本章节的户外便携式储能产品为消费电子类产品，产品材料就应选用强度好、表面容易处理、不容易生锈、不容易磨伤、易成型的材料，如塑胶材料选用 PC、ABS、PC＋ABS 等，金属材料选用不锈钢、铝合金、锌合金等。

（2）根据产品的市场定位来选择

在设计产品之前，产品的市场定位也会对材料的选用产生影响。产品质量分为高档、中档和低档三个档次，不同档次的产品对应不同的市场。高档的产品在材料选用上优中选优，中档的产品材料性能尚可，低档的产品在材料选用时就尽可能降低成本。

（3）根据产品的功能来选择

产品功能不同，材料选用也不同。例如本章节的户外便携式储能产品就经常使用在户外，所以在材料选用上就要考虑耐磨，耐磨材料有很多，如大部分金属材料一般都耐磨，耐磨的塑料材料有 PA（尼龙料）、POM、橡胶材料等。

6.3　储能产品电子电路设计

6.3.1　BMS 电池管理系统的设计与选择

BMS 全称是 Battery Management System（电池管理系统），它是配合监控储能电池状态的设备，主要就是为了智能化管理及维护各个电池单元，防止电池出现过压充电和过压放电，延长电池的使用寿命，监控电池的状态。一般 BMS 表现为一块电路板，或者一个硬件盒子。

BMS 是电池储能系统的核心子系统之一，负责监控电池储能单元内各电池运行状态，保障储能单元安全可靠运行。BMS 能够实时监控、采集储能电池的状态参数（包括但不限于单体电池电压、电池极柱温度、电池回路电流、电池组端电压、电池系统绝缘电阻等），并对相关状态参数进行必要的分析计算，得到更多的系统状态评估参数，根据特定保护控制策略实现对储能电池本体的有效管控，保证整个电池储能单元的安全可靠运行。同时 BMS 可以通过自身的通信接口、模拟/数字输入接口与外部其他设备进行信息交互，形成整个储能电源内各子系统的联动控制，确保电源安全、可靠、高效并网运行。

针对储能电源的输出功率和使用场景，推出了 BV01、BV02、BV08、BV09 等 BMS 产品，先进储能电源专用 BMS 电池管理解决方案，主要的特点有过压、过流、过温等常规侦测保护。BMS 系统安全条件参数有一百多条，充放电三级保护，电池组可独立运行，也可并容扩容输出。对外通信接口有 UART、RS、485 通信、CAN 等，配备有两路独立风扇用于电池降温。如图 6.39 所示为 BMS 电池管理系统模块实物图。

图 6.39　BMS 电池管理系统模块实物图

6.3.2　逆变器的设计与选择

本章节以 51.2V 2000W 的单变压器逆变器为案例。

如图 6.40 所示为 2000W 逆变器实物图。

前级推挽采用对称布局，这样设计有利于大电流的灌入和回流，前级 MOS 管配置有两种方案：一种方案是推挽每边用两个 IRFP4668；还有一种方案是每边用四个 IXTQ96N20。如图 6.41 所示为贴好元件的主板 PCB。

驱动卡也有两种方案：一种方案是用 SG3525加 MIC4452 专驱，输出电流 12A；另一种方案是用 SG3525 加 D1804＋B1204，输出电流 8A。第二种驱动成本比较低。如图 6.42 所示为 SG3525＋MIC445，如图 6.43 所示为 SG3525＋D1804＋B1204。

图 6.40　2000W 逆变器实物图

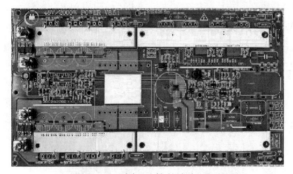

图 6.41　贴好元件的主板 PCB

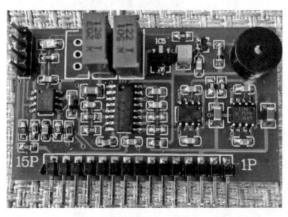

图 6.42　SG3525＋MIC4452

图 6.43　SG3525＋D1804＋B1204

　　为了方便测试输出频率和死区时间，做成用电位器可调的方式。前级开关频率调到 40kHz，死区时间约在 1～1.2μs 为最佳。驱动卡左边的一个小 8 脚芯片是一个单片机，用于电源管理和温度管理：检测输入电压的高低，做过压、欠压保护，检测后级 H 桥的工作温度，驱动风扇开关和过温保护。

　　变压器采用单个 EE55/21 的方式，初级用铜带绕 4＋4，次级 28 圈，变比 1∶7，因为是用锂电池供电的，所以输入电压为 51.2V，变比取得比较低。如图 6.44 所示为主变压器实物图。

图 6.44　主变压器实物图

　　后级开关管用四个 FGH60N60，驱动卡 SPWM 芯片用 APR9019，该芯片的特点是稳定性很好，不容易受干扰。且有很多检测功能，可以检测输入电压、输出电压、工作温度，还有短路状态检测功能，可以简化后级短路保护电路的设计。因为用 SO16 封装，所以手动焊接比较方便。输出驱动用 SLM2110 的国产驱动片。经调试后，效率情况如下：2000W 输出时约 93.5％。

　　如图 6.45 所示为一款 48V 2000W 双全桥主板的原理图，供读者参考。

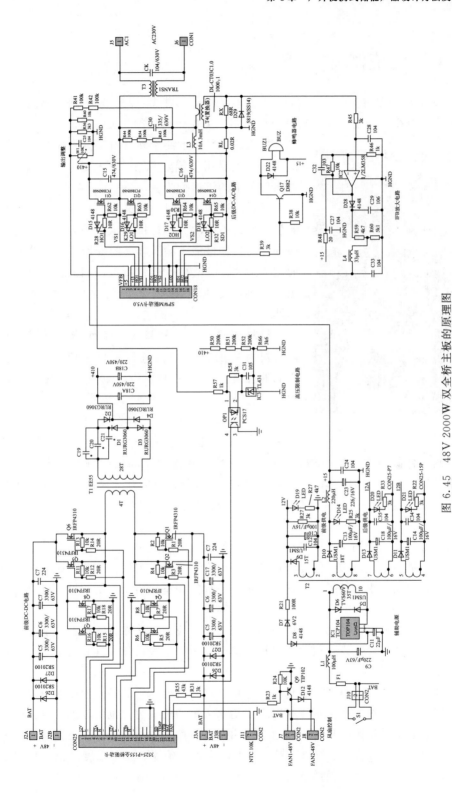

图 6.45 48V 2000W 双全桥主板的原理图

6.4　系统测试

如图 6.46 所示为户外便携式储能电源做拉力测试。主要为了测试储能产品的提手是否符合安全标准。这里简单介绍一下拉力测试的相关知识。

图 6.46　拉力测试

拉力测试是力的测量和材料测试中最常用的测试方法，主要用于确定部件、零件或材料在静态、轴向负载下的机械行为。

材料测试和力测量的测试方法是相似的；但是测量结果是不同的。进行拉力试验是为了确定材料或部件的拉伸性能。测试样品的变形可以描述其延展性或脆性以及其他重要的特性，如抗拉强度、屈服点、弹性极限、伸长率百分比、弹性模量和韧性。

材料测试是测量材料的力学性能的学科。它涉及对材料的物理特性进行量化和定性的方法：它们的强度、对变形的反应，以及它们在一段时间内承受外力的能力。材料测试涉及应力和应变的测量，这需要知道被测样品的原始横截面积。常见的测量单位有 N/mm^2、MPa、PSI 和百分比。测试样品通常根据 ASTM、ISO、DIN 或其他组织的国际测试标准制备成指定的尺寸。在拉伸试验中，样品的形状会随着载荷的施加而改变。了解样品在各种或特定力下的尺寸变化有助于确定材料的性能和对特定应用或产品的适用性。

拉力测试用于测试部件和产品，一般使用力的测量单位。样品的横截面积并不涉及测量结果。最常见的力测量是"峰值力"或最大力值。这些测试也可以报告峰值力的相关距离结果。力的测量是在工程实验室、质量控制和检查以及生产车间进行的。

弹性是指材料被拉到一个应力值的能力，当应力被移除时，材料将恢复到原来的长度，而不会出现任何永久变形。弹簧就是一个被设计为具有高弹性的产品的例子。

弹性极限：是指材料在表现出永久定型之前所能承受的最高程度的应力。

屈服强度：被定义为被测材料表现出永久定型的应力，也就是说，材料已经超过了它的弹性极限。屈服强度通常使用弹性斜率的 0.2% 应变的任意偏移值来确定。以 0.2% 的偏移量与弹性斜率线平行绘制一条线。屈服强度是指偏移斜率线与应力-应变曲线相交的位置。

塑性：与弹性相似，但在测试中使用了时间元素。一种材料，如弹性体，被拉到一个力的极限，然后保持一定的时间，弹性体在没有永久变形的情况下恢复到原来形状的能力就是它的塑性特征。

滞后：是指材料因能量损失而无法保持其弹性特征。许多材料在一定时间内或一定数量的循环中反复加载和卸载时，会表现出某种程度的滞后性。

刚度：是指材料在受力时抵抗变形的能力。

弹性模量：是对材料刚度的测量。材料表现出的刚度越大，材料在负载下发生的变形就越小。

伸长率就是应变。伸长率是指样品在受力前的原始测量长度与受力时的极限长度之间的变化百分比。

长时间的使用和插拔操作可能导致触摸屏连接器松动或者磨损，进而影响设备的正常运行。通过使用触摸屏插拔试验机，可以模拟出真实的使用场景，对触摸屏连接器进行多次插拔，从而测试其耐久性和可靠性。如图 6.47 所示为触摸屏插拔力测试。

触摸屏插拔力试验机适用于多种连接器插拔试验之用，采用嵌入式微电脑测控技术，可同时测试且显示对插入力、拔出力、实时力值、插拔速度、次数、力值单位，并具有次数设定、速度、试验行程可调、单位可转、自动归零等。旋转偏心轮动力设计使测试速度与测试行程不再有关联，长、短行程的连接器，测试同样快速。

图 6.47　触摸屏插拔力测试

触摸屏插拔力试验机技术参数：

① 具有超载荷设定自动停止报警功能。

② 具有自动保存功能，大可自动存十个点，并求得平均值。

③ 采用列表方式保存测试数据。

④ 具有管理员口令，用户可以修改开机密码。

⑤ 采用软件校准荷载值。

⑥ 采用全中文提示，设定内部功能操作方便、简单。

⑦ 测试次数：0～99999 次（可预置且触摸屏显示）。

⑧ 传动方式：旋转偏心轮。

⑨ 显示方式：七寸触摸屏显示。

⑩ 插拔力传感器规格：50kg。

⑪ 小插拔力解析度：0.01kg。

⑫ 行程调节范围：0～60mm。

⑬ 插拔速度：10～60 次/min。

⑭ 力值单位：gf、kgf、N、lbf（单位可转换）。

⑮ 机台尺寸：约 550mm×470mm×450mm。

⑯ 工作电源：AC220V、50Hz。

如图 6.48 所示为户外便携式储能电源的 Type C 接口做性能测试，包括正常的充电和放电测试。

图 6.48　Type C 口测试

如图 6.49 所示为户外便携式储能电源的 Type C 接口通过可编程直流电子负载测试仪测试。如表 6.5 所示为 M9712 可编程直流电子负载测试仪规格参数。

图 6.49　可编程直流电子负载测试仪

表 6.5　可编程直流电子负载测试仪规格参数

型号	M9712
额定输出	0～150V,0～3A
负载调节率	＜0.01％+0.5mV,＜0.01％+0.1mA
设置值分辨率	2mV,0.01mA
回读值分辨率	0.1mV,0.01mA
设置值精度	0.01％+15mV,0.05％+0.1mA
回读值精度	0.02％+25mV,0.05％+1mA
纹波	10mVp-p,0.5mA rms
电压表精度	0～20V 精度 0.015％+2mV。0～150V 精度 0.015％+5mV
毫欧表精度	10W:0～1000mΩ 精度 0.2％+3mΩ;1000～10000mΩ 精度 0.2％+6mΩ
工作环境	0～40℃,0％～90％ RH
使用电源	AC 100V/120V/220V+10％,50/60Hz
质量	6.5kg
尺寸	214mm(W)×108mm(H)×365mm(D)

如图 6.50 所示为户外便携式储能电源进行 DC12V 5521 输出接口的测试。

图 6.50　5521 输出口测试

如图 6.51 所示为户外便携式储能电源进行 DC12V 5521 输出接口通过可编程直流电子负载测试仪进行测试。

图 6.51　可编程直流电子负载测试

如图 6.52 所示为户外便携式储能电源进行 USB QC3.0 输出口测试。

图 6.52　USB QC3.0 输出口测试

如图 6.53 所示为户外便携式储能电源进行 USB QC3.0 输出口通过快充电源负载测试仪进行测试。

图 6.53　快充电源负载测试仪测试

如图 6.54 所示为户外便携式储能电源进行车充输出口测试。

图 6.54　车充输出口测试

如图 6.55 所示为户外便携式储能电源通过可编程直流电子负载测试仪进行车充口输出测试。

如图 6.56 所示为户外便携式储能电源进行无线充电测试，可以实时显示电压和电流的数据，从而可以得到输出的功率为 $9.14V \times 1.03A = 9.41W$。

如图 6.57 所示为户外便携式储能电源进行恒温恒湿性能测试前的准备。

下面对恒温恒湿试验箱做简单的介绍。

恒温恒湿试验箱又名"可程式恒温恒湿试验箱"，是航空、汽车、家电、科

图 6.55　可编程直流电子负载测试

图 6.56　无线充电输出测试

研等领域必备的测试设备，用于测试和确定电工、电子及其他产品及材料在高温、低温、交变湿热度或恒定试验的温度环境变化后的参数及性能。

　　恒温恒湿试验箱由调温（加温、制冷）和增湿两部分组成。通过安装在箱体内顶部的旋转风扇，将空气排入箱体实现气体循环、平衡箱体内的温、湿度，由箱体内置的温、湿度传感器采集的数据，传至温、湿度控制器（微型信息处理器）进行编辑处理，下达调温调湿指令，由空气加热单元、冷凝管以及水槽内加热蒸发单元共同完成。

　　恒温恒湿箱温度调节是通过箱体内置温度传感器采集数据，经温度控制器（微型信息处理器）调节，接通空气加热单元来实现增加温度或者调节制冷电磁阀来降低箱体内温度，以达到控制所需要的温度。恒温恒湿箱湿度调节是通过内置湿

图 6.57　恒温恒湿测试

度传感器采集数据，经湿度控制器（微型信息处理器）调节，接通水槽加热元件，通过蒸发水槽内的水来实现增加箱体内的湿度或者调节制冷电磁阀来实现去湿作用，以达到控制所需要的湿度。

　　恒温恒湿箱设有多重保护措施，温度系统在可设定最大安全允许温度条件

下，装有过温保护器，空气加热元件可随旋转风扇停止而自动断电，加湿系统可随加湿槽水位降低而停止供电，制冷系统也随箱体温度升高（超过40℃）或湿度的加大而停止工作。

6.5 检测及认证

随着移动设备的普及，户外便携式储能产品成为人们外出时必备的电力补充装备。然而，市面上的户外便携式储能产品质量参差不齐，有些产品在容量、输出电流等方面存在着差异。为了确保户外便携式储能产品的安全和可靠性，进行测试是必要的。本节将讲解一种常见的户外便携式储能产品的测试方法。

6.5.1 储能产品的检测

测试对象：户外便携式储能产品的容量、输出电流、输出电压和充电效率等方面。

(1) 容量测试

容量是衡量户外便携式储能产品性能的重要指标之一，对于户外便携式储能产品的容量测试，可以采用以下步骤：

① 将户外便携式储能产品电源充满电。

② 连接待测试的设备，并启动设备。

③ 记录设备从满电到电量耗尽的时间，以及设备的总耗电量。

④ 根据记录的数据计算出户外便携式储能产品的实际容量。

(2) 输出电流和输出电压测试

输出电流和输出电压是衡量户外便携式储能产品供电能力的重要指标。测试输出电流和输出电压可以采用以下步骤：

① 连接待测试的设备，并启动设备。

② 使用万用表等测试仪器测量输出电流和输出电压。

③ 将测量结果与户外便携式储能产品的标称数值进行对比，判断是否符合要求。

(3) 充电效率测试

充电效率是衡量户外便携式储能产品充电性能的重要指标。测试充电效率可以采用以下步骤：

① 将户外便携式储能产品的电量放空。

② 连接电源与户外便携式储能产品连接并充电。

③ 记录充电时间和充电电量。

④ 根据记录的数据计算出充电效率。

（4）测试工具和设备

进行户外便携式储能产品测试需要一些测试工具和设备：

① 万用表：用于测量输出电流和输出电压。

② 电流表：用于测量充电电流。

③ 计时器：用于记录设备从满电到电量耗尽的时间。

④ 电源线：用于对户外便携式储能产品进行充电。

⑤ 待测试的设备：用于测试户外便携式储能产品的供电能力。

（5）测试结构分析

根据测试得到的数据，可以对户外便携式储能产品的性能进行评估和分析，如果测试结果与户外便携式储能产品的设计规格要求相符合，则说明该产品在容量、输出电流等方面符合标准，如果测试结果与设计规格要求存在较大差异，则需要对产品进行调整和优化。

（6）测试注意事项

① 确保测试环境安全，避免发生电击等意外情况。

② 使用符合标准的测试工具和设备，确保测试结果的准确性和可靠性。

③ 根据户外便携式储能产品的设计规格要求，制定相应的测试方案，确保测试全面有效。

④ 在测试过程中，注意记录和保存测试数据，以备后续分析和评估。

6.5.2　储能产品的认证

（1）储能电源 3C 认证测试标准

① 电池能量密度测试。储能电池的能量密度是指单位体积（如 Wh/L、Wh/m^3、Wh/kg 等）的电荷储存能力。电池能量密度是储能电源重要的性能参数之一，直接影响着储能电源的使用寿命和性能。在 3C 认证测试标准中，电池能量密度测试是必须进行的一个测试，主要评价措施包括放电容量、充电消耗、容量损失等，评价标准包括采用的电池型号、放电比率、温度、电池残余容量等。

② 放电效率测试。储能电源放电效率是指储能电源实际输出能量与贮存能量之间的比率。放电效率的测试是储能电源 3C 认证测试标准的重要内容之一，评价措施包括放电效率、充电效率、储存效率等，评价标准包括电源的标额容量、储能电量以及温度、电流、功率等参数。

③ 循环寿命测试。循环寿命是指储能电池在特定的循环次数下能够保持标称容量的次数。循环寿命测试是储能电源 3C 认证测试标准中的重要测试之一，评价措施包括循环寿命、容量衰退等，评价标准包括电池型号、循环方式、温度、放电比率等参数。

④ 安全性能测试。安全性能是储能电池的重要性能之一，主要是为了防止

电池的起火爆炸等安全事件的发生。安全性能测试是储能电源 3C 认证测试标准中重要的测试，评价措施包括充电测试、短路测试、过充测试、高温环境下的充电测试等，评价标准包括充电倍率、短路电流、过充充电压等。

以上是储能电源 3C 认证测试标准的主要内容，通过这些测试，可以保证储能电源具有稳定、安全、高效、高度环保等特性，进而促进储能电源在市场上的普及和应用。

（2）户外便携式储能电源 CE 认证流程和标准

户外便携式储能电源 CE 认证流程如下。

① 项目申请——向检测实验室递交 CE 认证申请。

② 资料准备——根据标准要求，准备好相关的认证文件。

③ 产品测试——企业将待测样品寄到检测实验室进行测试。

④ 编制报告——认证工程师根据合格的检测数据，编写报告。

⑤ 递交审核——工程师将完整的报告进行审核。

⑥ 签发证书——报告审核无误后，检测实验室颁发 CE 认证证书。

户外便携式储能电源 CE 认证标准介绍如下。

目前欧盟还没针对便携式储能电源的统一的协调标准。针对便携式储能电源，欧盟 alert 监管安全部门建议使用 EN 62368-1＋EN 62040-1 的标准，EMC 部分各个实验室标准有所不同，主要是使用多媒体标准 EN 55032、EN 55035 以及通用标准 EN 61000。

6.6　户外便携式储能产品的选配附件

选配附件主要为 200W/18V 防水折叠太阳能板。

太阳能板展开正面图如图 6.58 所示，展开背面图如图 6.59 所示，折叠后的图如图 6.60 所示。

图 6.58　展开正面图

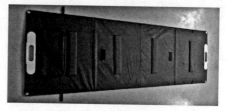

图 6.59　展开背面图

（1）产品特点

适用于光伏发电系统，为各种储能电源在户外阳光下充电之用。为了提高太阳能板的便携性、抗跌落性能、方便维护和安装接入而设计。

① 太阳能折叠包产品轻便，外形紧凑合理，开合方便，标配有支撑架，适合户外携带使用。

② 太阳能板采用 FR-4 玻璃纤维板基材＋EVA＋ETFE 保护膜层压的封装工艺，产品寿命长达 10 年。

③ 采用高效 A 级单晶硅电池片生产，电池片光电效率 23％以上。

④ 产品防水性能和耐脏性能强，脏污后易清洗。

图 6.60　折叠后的图

⑤ 太阳能折叠包适合为额定电压 DC24V 储能电池充电之用（需另外接充电保护控制器）。

⑥ 具备一定的抗跌落撞击性能（可承受的跌落高度 1m 以内，太阳能板正面不可撞击于尖锐物体上，以防破坏内部的太阳能电池片）。

⑦ 输出线 MC4 红黑线/安德森/DC/XT60。

⑧ 采用防水布料和工艺，如遇雨水水淋不影响正常使用。

⑨ 可根据使用者需要进行定制修改（颜色/功率/电压/外形尺寸等）。

（2）性能参数

200W 太阳能板性能参数如表 6.6 所示。

表 6.6　性能参数

型号	200W-18V
峰值功率	200W
开路电压	18V
峰值电压	21.6V
峰值电流	11.11A
短路电流	11.66A
电池片光电效率	23％
太阳能板数量	50W/18V×4PCS
折叠后尺寸	540mm×610mm×50mm
展开后尺寸	2300mm×610mm×35mm
净重	7.2kg
太阳能电池片	高效 A 级单晶硅电池片
太阳能板表面封装	透明 ETFE 表面透明复合材料加强保护
太阳能板底板加强材质	玻璃纤维板
输出端口	MC4 红黑线安德森/DC/XT60
太阳能包布料（外表面）	黑色（防水型）

续表

额定工作温度范围	额定工作温度:(48±2)℃/工作温度范围:-40~+85℃
储存温度范围	-10~+30℃
防水等级	IP65
功率/电压/电流温度系数	-0.35%/℃,-0.272%/℃,+0.044%/℃
寿命	寿命≥10 年
STC 标准测试条件	辐照度 1000W/m²,温度 25℃,AM1.5
其他	25mm 胶手把,黑色

(3) 使用说明

太阳能连接电气原理示意图如图 6.61 所示。

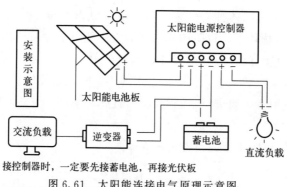

接控制器时,一定要先接蓄电池,再接光伏板

图 6.61　太阳能连接电气原理示意图

(4) 折叠太阳能包使用注意事项

① 太阳能板应放置在阳光直射下,并调整好适当的角度以接受光照取得最大发电效果。

② 适合为额定电压 DC 12V 的移动储能电源设备(需内置太阳能充电保护功能)或者蓄电池充电之用,但不可用太阳能板的输出电极直接给蓄电池充电,必须加装太阳能充电控制器,以保护蓄电池过充电或者防止接反电极后对太阳能板/蓄电池和人员造成不可控的损伤。如设备是储能一体机时可按照储能一体机厂家要求接入对应的太阳能充电接口。

③ 如遇雨水水淋不影响正常使用。注意不可被海水等导电性/腐蚀性液体接触,会导致接线盒内部短路造成不能正常发电,如有接触及时用清水冲洗干净晾干即可。

④ 接入太阳能控制器/储能一体机时注意接口正负极应正确接入。

⑤ 接入太阳能控制器/蓄电池/储能一体机前应详细核对其产品规格/功率/电流/电压要求,不可超出其限值,以防损坏设备,避免造成不可控后果。

⑥ 应避免直接接触或者短路设备电极,避免触电或者造成安全隐患。

⑦ 使用中应轻拿轻放，严禁摔打、重压、撞击，否则可能严重损坏太阳能电池片。

6.7 户外便携式储能实际应用案例一

在一个周末的下午，一群朋友决定去郊外露营。他们带上了一款户外储能电源，这款电源具有强大的功能，可以为他们的夜晚露营聚餐提供电力供应。

户外储能电源的规格参数如下：

容量：270000mAh（毫安时）。

输入电压：220～240V AC。

输出电压：5V/9V/12V DC。

最大输出功率：100W。

充电时间：约 3h。

使用时长：根据不同设备和功率需求，可为手机充电约 60 次，为笔记本电脑充电约 5 次，为 LED 照明灯供电约 100h。

在抵达露营地点后，朋友们迅速搭建起帐篷，并将户外储能电源连接到一个便携式电磁炉上。他们轻松地烧起了热水，煮了一锅美味的火锅。在享受美食的同时，他们还可以通过电源为手机、平板电脑等设备充电，通过视频与远方的家人朋友分享他们的快乐时光。如图 6.62 所示为烹饪晚餐，如图 6.63 所示为聚餐时刻。

图 6.62 烹饪晚餐

图 6.63 聚餐时刻

夜幕降临，朋友们点燃了篝火，围坐在一起畅谈。这时，户外储能电源发挥了它的另一项重要功能——照明。他们将电源连接到一盏明亮的 LED 照明灯上，将整个露营区域照得如同白昼。在这片明亮的光线下，他们可以尽情地玩耍、唱歌、跳舞，度过一个愉快的夜晚。如图 6.64 所示为休闲时光。

图 6.64　休闲时光

图 6.65　咖啡时刻

在一个阳光明媚的周末，一群热爱户外活动的朋友决定去附近的山区露营。为了确保这次旅行的顺利进行，他们提前准备了一款功能强大的户外储能电源。这款电源不仅能够满足他们在夜晚露营时的电力需求，还能为他们提供煮咖啡等便利。

夜幕降临，朋友们点燃了篝火，围坐在一起畅谈。这时，户外储能电源发挥了它的另一项重要功能——煮咖啡。他们将电源连接到一个便携式咖啡机上，轻松地煮出了一壶香浓的咖啡。在这片明亮的光线下，他们可以尽情地品尝美味的咖啡，度过一个愉快的夜晚。如图 6.65 所示为咖啡时刻。

6.8　户外便携式储能实际应用案例二

随着人们对于户外活动的热爱和追求，户外便携式储能设备逐渐成了必备的装备之一。

（1）徒步旅行

徒步旅行是许多人的爱好，但是随着徒步距离的增加，手机，平板电脑等电子设备的电量会逐渐耗尽。此时，户外便携式储能电源就可以发挥巨大的作用。

一位徒步爱好者在徒步的过程中，由于手机电量不足，无法使用地图和导航软件，他使用了一款 100Wh 的户外便携式储能电源，该设备能够为他的手机充电 10 次，有效延长了电子设备的使用时间，足够他完成整个徒步旅行。如图 6.66 所示为徒步旅行使用户外便携式储能电源。

图 6.66　徒步旅行使用户外便携式储能电源

此外，该设备还可以为其他电子设备提供电力，如手电筒、笔记本电脑等。在晚上还可以使用该设备为帐篷提供照明，或者在需要时制作简单的晚餐。

（2）野营

野营是一项非常受欢迎的户外活动，但是在没有电力供应的情况下，电子设备的电量很容易耗尽。户外便携式储能电源可以为人们提供充足的电力支持，让人们在享受大自然的同时，也能保持与外界的联系。

在一场为期一周的野营活动中，一位野营爱好者选择携带一款 200Wh 的户外便携式储能电源，该设备能够为他的电子设备提供充足的电力，包括笔记本电脑、手机和平板电脑等。他还可以使用该设备为电灯提供电力，让整个帐篷变得明亮。据统计，该设备在整个活动期间为电子设备充电超过 20 次，有效解决了电力供应问题。

此外，该设备还可以为一些户外活动提供电力，如垂钓、摄影等。在需要时，它可以使用该设备为电子设备充电，或者为其他活动提供电力支持。如图 6.67 所示为垂钓使用户外便携式储能电源。

图 6.67　垂钓使用户外便携式储能电源

（3）应急救援

在紧急情况下，电力供应是非常重要的。户外便携式储能电源可以作为应急电源使用，为电子设备和其他设备提供电力支持。

在一次紧急救援任务中，救援队员使用了一款 1000Wh 的户外便携式储能电源作为应急电源，该设备可以为它们的通信设备和照明设备提供电力支持，让他们在黑暗中能够保持联系和照亮周围的环境。该设备在救援期间为各类设备提供了超过 60 次的充电服务，为救援工作提供了关键的电力支持。如图 6.68 所示为应急救援使用户外便携式储能电源。

图 6.68　应急救援使用户外便携式储能电源

此外，该设备还可以为一些医疗设备提供电力支持，如心电图仪、呼吸机等。在紧急情况下，电力供应是非常重要的，户外便携式储能电源可以发挥很大的作用，为人们的生命安全提供安全保障。

总结：户外便携式储能电源在实际应用中具有非常重要的作用。无论是在徒步旅行、野营还是应急救援中，它们都可以为电子设备和其他设备提供电力支持。随着人们对户外活动的热爱和追求，户外便携式储能电源将会越来越受到人们的青睐。

第**7**章
户用储能产品设计
方法及案例

7.1　户用储能产品外观 ID 设计

　　户用储能产品外观设计的特点包括实用性、艺术性和合理性。产品的实用性是因为它具有使用价值，而产品的艺术性是指每个产品本身都有其艺术吸引力、能够满足每个人的审美要求。

　　户用储能产品的外观 ID 设计应该注意以下几个方面。

　　① 安全性：作为家庭使用的储能产品，安全性是首要考虑的因素。外观设计应确保产品在运输、安装和使用过程中不会发生安全事故。例如，可以采用防火材料制作外壳，设置防止电池过热的散热装置等。

　　② 美观性：家用储能产品需要与家居环境相协调，因此在外观设计上应注重美观性。可以采用简约、现代的设计风格，使产品看起来更加时尚、大气。同时，可以根据不同家居风格提供多种颜色和材质的选择，以满足用户的个性化需求。

　　③ 人性化设计：考虑到用户在使用过程中的操作便捷性，产品设计应注重人性化。例如，可以设置易于操作的控制面板，方便用户查看电池状态、设定充放电参数等。此外，还可以考虑产品的尺寸和重量，使其便于搬运和安装。

　　④ 环保性：锂电储能产品在运行过程中会产生一定的废物，因此在外观设计上应注重环保性。可以采用可回收的材料制作外壳，提高产品的可回收利用率。同时，可以考虑将废旧电池进行回收处理，减少对环境的污染。

　　⑤ 节能性：作为储能产品，节能环保是其核心功能之一。在外观设计上，可以通过优化产品结构、提高能量转换效率等方式，降低产品的能耗。此外，还可以考虑采用太阳能充电等绿色能源方式，进一步提高产品的节能性能。

　　⑥ 智能化：随着科技的发展，智能家居逐渐成为趋势。锂电储能产品可以结合物联网、大数据等技术，实现远程监控、智能调度等功能。在外观设计上，可以设置 LED 显示屏、触摸式控制面板等，使产品更加智能化、人性化。

（1）堆叠式户用储能

堆叠式户用储能实物如图 7.1 所示，堆叠式户用储能规格如表 7.1 所示。

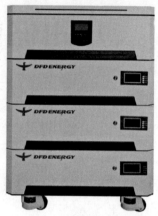

图 7.1　堆叠式户用储能

表 7.1　堆叠式户用储能规格

型号	7kWh	14kWh	21kWh	28kWh
电芯类型	磷酸铁锂电池			
标准电压/V	51.2			
标准容量/Ah	138	276	414	552
最大充电电流/A	100			
最大放电电流/A	100			
充电截止电压/V	58.4			
放电截止电压/V	41.6			
通信方式	RS485/CAN			
装配方式	堆叠			
保护	短路、过载、过充、过放保护			
工作温度/℃	-20～55			
产品尺寸 /(mm×mm×mm)	670×544×200	670×544×400	670×544×600	670×544×800
质量/kg	78	142	206	270

产品特点：

① 以磷酸铁锂电池为基础，为家中的电气设备或储能系统提供备用电源。具有安全性好、能量密度高、寿命长、温度性能优良等特点。

② 堆垛设计，支持最多 15 组并联，最大容量为 105kWh。

③ 分为并网型和离网型，提供一体化的家庭绿电解决方案。

（2）壁挂式户用储能

壁挂式户用储能实物如图 7.2 所示，壁挂式户用储能规格如表 7.2 所示。

图 7.2　壁挂式户用储能

表 7.2　壁挂式户用储能规格

型号	51.2V 92Ah	51.2V 138Ah	51.2V 184Ah
电芯型号	磷酸铁锂电池		
标准电压/V	51.2		
标准容量/kWh	4.71	7.06	9.42
最大充电电流/A	100		
最大放电电流/A	100		
充电截止电压/V	58.4		
放电截止电压/V	41.6		
通信方式	RS485/CAN		
装配方式	壁挂		
保护	短路、过载、过充、过放保护		
工作温度/℃	−20～55		
产品尺寸/(mm×mm×mm)	534×400×187	688×440×190	850×544×200
质量/kg	43.5	57.3	73.5

产品特点：

① 壁挂式储能系统是一种集成化、小型化、轻量化、智能化的新型备用电源。

② 可用于户用太阳能储存和离网发电。

③ 可靠的 BMS 电池管理系统提供短路、过充和过热保护。

（3）一体式户用储能

一体式户用储能实物如图 7.3 所示，一体式户用储能规格如表 7.3 所示。

图 7.3　一体式户用储能

表 7.3　一体式户用储能规格

规格型号	Shadow S
电池容量/Wh	5120
循环次数/次	6000
标称电压/V	51.2
充电功率/W	3000
输出波形	正弦波
额定输出电压	100～120V 60Hz/220～240V 50Hz
逆变输出/W	3500
并机功能	支持
拓展电池包	支持
风机智能调速	支持
APP 功能	支持
产品净重/kg	68

产品特点：

① 比传统电池利用率高 50% 以上，充放电是其他电池组的 3～5 倍。

② 在 1000MPa、130℃ 的电网压力测试下，不着火，不爆炸。

③ 最高充电功率可达 3000W。

④ 可实现并功率和并容量。

户用储能系统根据其运行模式，主要可分为并网储能系统和离网储能系统两种。

① 并网储能系统：这种系统主要由光伏组件、并网逆变器、锂电池组、交流耦合型储能逆变器、智能电表、CT、电网和控制系统组成。在并网模式下，光伏发电首先供给负载，其次给电池充电；晚上电池放电供给负载，电池不足时，由电网供电。当负载功率大于光伏发电功率时，电网和光伏可以同时向负载供电。并网储能系统特别适用于居民电价高的住宅或别墅，可以最大化提升光伏自发自用率，降低家庭电费开支。

② 离网储能系统：离网型家庭光伏＋储能系统一般由光伏组件、锂电池组、离网储能逆变器、负载和柴油发电机组成。该系统可实现光伏经 DC/DC 转换直接给电池充电，也可以实现双向的 DC/AC 转换用于电池的充电和放电。工作逻辑是白天光伏发电首先供给负载，其次给电池充电；晚上电池放电供给负载，电池不足时，由柴油发电机供给负载。离网储能系统可满足无电网地区的日常用电需求，适用于电力不稳定或没有电网覆盖的地区。

综上，户用储能的并网和离网模式有各自的特点和适用场景，可以根据用户的实际需求进行选择。

7.2　户用储能产品结构设计

7.2.1　结构设计分析

如图 7.4 所示为堆叠式户用储能的实物图，从图中可以看到产品共由三层储能组成，每一层里面都有 10kWh 的电能，三层共有 30kWh 的电能，底部设计了带有万向滚轮的结构，方便使用者在室内推动移动。产品的外观主要材质选用了钣金件，成本更低，加工更加方便，模具费低，但是产品外观造型单一，产品精密度不高。

如图 7.5 所示为堆叠式户用储能侧面结构，上面结构为单层储能模块提手位置，两侧各有一个相同的结构设计，方便增加和减少堆叠的模块数量，下面结构为接线挡板，从图中可以看到为了保证电气安全性能，在接线的前面设计了挡板，通过两颗手动的可拆卸螺钉进行固定。

图 7.4　堆叠式户用储能实物图　　图 7.5　堆叠式户用储能侧面结构

如图 7.6 所示为堆叠式户用储能的底座结构，设计的理念是底座为独立的结构设计，在其上面可以堆叠多层的储能模块，在底座的四周设计了与储能模块进行匹配固定的结构，为保证安全，建议堆叠高度低于 1.2m，底座可承受的最大重量小于 300kg。为了保证户用储能产品可以方便地在室内移动，在底座设计了四个可以多方向旋转的万向轮，同时在两个轮子上设计有制动机构，方便使用者移动完成后保证产品固定在一个位置。

如图 7.7 所示为堆叠式户用储能的底座底部结构，从图中可以看到四个轮子固定在底座的四个角落，既起到支撑作用，又可以实现多方向移动的效果。

万向轮是一种活动脚轮，它的结构允许水平 360°旋转。脚轮是个统称，包括活动脚轮和固定脚轮两种。固定脚轮没有旋转结构，不能水平转动只能垂直转动。

万向轮可用于工厂、车间、商业等各种行业的使用环境；还可按使用环境承载力的大小选用不同的脚轮；脚轮有滚珠轴承和滚柱轴承两种；脚轮可增装制动系统；支架经镀锌处理美观耐锈蚀；按不同使用环境可选用各种材质的脚轮。

图 7.6　堆叠式户用储能的底座　　　　图 7.7　堆叠式户用储能的底座底部

如图 7.8 所示为应用场景拓扑图，从图中可以看到户用储能产品可以完全融入家庭的用电系统中，户用储能涉及在住宅内使用储能系统来捕获和存储可再生能源产生的多余电力。这些系统通常将多余的能量存储在电池中，以便稍后在需求超过时使用。通过存储能源，使用者可以减少对电网的依赖，优化能源消耗并增强能源弹性。

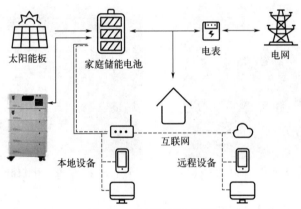

图 7.8　应用场景拓扑图

图 7.9　一体式户用储能

如图 7.9 所示为一体式户用储能产品外观图，两个侧板设计为压铸件，之所以选择压铸的加工工艺，主要从几个方面考虑。

第一，生产效率高：压铸能够迅速地将金属熔融并注入模具中，快速冷却后即可得到成型的零件，大大提高了生产效率。

第二，精度高：压铸能够制造出形状复杂、尺寸精确的零件，具有较高的表面光洁度和一致的尺寸。

第三，节约材料：压铸过程中可以减少废

料和余料的产生，最大限度地利用金属材料。

（1）压铸机结构

如图 7.10 所示。

控制台　熔料系统　压射系统　锁模区域

图 7.10　压铸机结构

① 铝合金成分及特性。压铸用铝合金之成分及特性，如表 7.4 所示。

表 7.4　压铸用铝合金之成分及特性

JIS 规格	ALCOA 规格	化学成分/%								
		Si 矽	Cu 铜	Mg 镁	Zn 锌	Fe 铁	Mn 锰	Ni 镍	Sn 锡	Al 铝
ADC1	A13	11/13	0.6↓	0.3↓	0.5↓	1.3↓	0.3↓	0.5↓	0.1↓	余量
ADC3	A360	9/10	0.6↓	0.4/0.6	0.5↓	1.3↓	0.3↓	0.5↓	0.1↓	余量
ADC4	360	9/10	0.6↓	0.4/0.6	0.5↓	2.0↓	0.3↓	0.5↓	0.1↓	余量
ADC5	218	0.3↓	0.2↓	4/11	0.1↓	1.8↓	0.3↓	0.5↓	0.1↓	余量
ADC6	214	1.0↓	0.12↓	2.5/4	0.4↓	0.8↓	0.4/0.5	0.1↓	0.1↓	余量
ADC7	43	4.5/9.5	0.6↓	0.3↓	0.5↓	1.3↓	0.3↓	0.5↓	0.1↓	余量
ADC8	85	4.5/7.5	2.0-4.5	0.3↓	1.0↓	1.3↓	0.3↓	0.5↓	0.3↓	余量
ADC9	85	4.5/7.5	2.0-4.0	0.3↓	1.0↓	2.0↓	0.5↓	0.5↓	0.3↓	余量
ADC10	A380	7.5/9.5	2/4 3/4	0.3↓	1.0↓/3.0↓	1.3↓	0.5↓	0.5↓	0.3↓	余量
ADC12	384	10.5/12	1.5/3.5	0.3↓	1.0↓	1.3↓	0.5↓	0.5↓	0.3↓	余量
Al-Si	母合金	20.1	0.04	0.03↓	0.04↓	0.3↓	0.03↓	0.5↓		
	380	7.5/9.5	3/4	0.3↓	3.0↓	1.3↓	0.5↓	0.5↓	0.3↓	

② 压铸铝合金各国牌号近似部分对照表，如表 7.5 所示。

表 7.5　压铸铝合金各国牌号

UNS	美国 ASTMB85 (1984)	日本 JISH5302 (1990)	中国 GB/T	苏联 GOST2685 (1975)	德国 DIN1725/2 (1986)	英国 BI1490 (1988)	法国 NFA57-703 (1981)
A03600	360						
A13600	A360	ADC3	YL104	AL4	GD-AlSi10Mg(239)		A-59G-Y4
A03800	380						
A13800	A380	ADC10	YL112			LM24	A-S9U3-Y4
A03830	383	ADC12	YL113		GD-AlSi9Cu3(226)	LM2	
A03840	384	ADC12				LM26	
A04130	413						A-S12-Y4
A14130	A413	ADC1	YL102	AL2	GD-AlSi12Cu(231)	LM20	
A34430	C443					LM18	
A05180	518	ADC5		AL29	GD-AlMg8(341)		AG6

③ 压铸原理成型简介。压铸起源于美国，最早称为翻砂铸造，压铸就是将液态或半液态（高温）的合金在高压作用下以高速充填压射型的型腔，并在高压下结晶，凝固而获得铸件的一种方法，称为压力铸造，简称压铸。

压铸机台的构造大致分为合模油缸、射击油缸、押出油缸三大部分，另加一个中子油缸。

压铸分为电气压铸、油路压铸、机械压铸、离型压铸、润滑压铸这几种类型。

压铸的操作：熔炼—配料—喷涂—合模—给汤—开模—取件—冷却—切边—打码—下游处理。

压铸作业时可调整高速射程、高速压力、低速压力，另加增压调整。

常需检查部位：ACC—氮气 85～105kg，油量 H 与 L 之间，油温（冬天应在 38℃较好，夏天一般为 45～50℃）。

④ 压铸的实质。压铸的实质是使液态合金在高压作用下，通过压射冲头的运动，以极高的速度，在极短的时间内填充到压铸模型腔中，并在压力下结晶凝固而获得铸件。

压铸优点：压力铸造能生产精密度高的铸件，它具备效率高、切削少、可连续冷室压铸、热室压铸、砂模压模、挤型压模、重力压铸、离心压铸等功能。其中离心压铸生产量最大，它能生产的模具最少一模在 20pcs，最多的可做到一模 500pcs。

可以大批量生产出与压铸型腔相符合的形状复杂、壁薄、深腔、尺寸一致、公差范围较小的压铸件，这时其他工艺方法所不能比拟的。

压铸缺点：它的生产原材料受到限制范围，目前仅有铝、锌、镁、铜、钛合金铅锡合金等普及通用。

压铸件结构的工艺性：

a. 尽量消除铸件内部侧凹，使模具结构简单。

b. 尽量使铸件壁厚均匀，可利用筋减少壁厚，减少铸件气孔、缩孔、变形等缺陷。

c. 尽量消除铸件上深孔、深腔。因为细小型芯易弯曲、折断，深腔处充填和排气不良。

d. 设计的铸件要便于脱模、抽芯。

⑤ 铝及铝合金特性及用途，如表 7.6 所示。

表 7.6　铝及铝合金特性及用途

序号	型号	类别	特性	用途
1	纯铝 1070	纯铝	导热性强	散热片（电脑配件）
2	ADC-1	较硬	流动性差	普通元件
3	ADC-6	较软	导热性强	散热片（电脑配件）
4	ADC-10	合金铝	较软	电机壳、电脑磁盘、支架
5	ADC-12	合金铝	较硬、声音清脆	电机壳、警铃、卫星接收器、电脑支架

a. 纯铝：是一种银白色的金属，具有较高的导电性和导热性。密度较小，抗大气腐蚀，但强度、硬度较低。纯铝分为高纯度铝及工业纯铝两大类。

b. 铝合金：纯铝的强度低，不适合作结构材料。为了提高强度，常用方法是在铝中加入合金元素（如 Si、Cu、Mg、Zn、Mn）等形成铝合金。铝合金合金元素如表 7.7 所示。

表 7.7　铝合金元素

元素	Si	Cu	Mg	Zn	Mn	Al
纯铝	0.2	0.04	0.03	0.04	0.3	99.7
ADC-10	7.5～9.5	2.0～4.0	<0.3	<0.1	<0.5	其余
ADC-12	9.6～12	1.5～3.5	<0.3	<0.1	<0.5	其余

其仍具有密度小、耐蚀性好、导热性好之特性。铝金按其成分和工艺特点不同可分为形变铝合金和铸造铝合金两大类。

a. 形变铝合金：指压力性能好的铝合金。它经过轧制、挤压等可制成板材、棒材、管材和各种型材。按照性能和用途，可分为防锈铝合金、硬铝合金、超硬铝合金和锻铝合金四种。

b. 铸造铝合金：是拥有高的铸造性能的铝合金，根据化学成分为 Al-Si、Al-Mg、Al-Cu 及 Al-Zn 合金四类。其中应用最广泛是 Al-Si 合金，它具有优良的铸造性能、耐蚀性好、密度小、力学性能好。

铸造铝合金的压铸工艺性能：流动性、充型性、出型性、耐蚀性能。

铝合金中主要的三大金属元素的物理作用如下。

a. 铜：可以改善机械的性质，增加产品的耐磨性与耐蚀性，具有优良的切削作用，并对后继加工有帮助。

b. 镁：提升产品强度、硬度。其缺点为：冷胀热的物理性过强，压铸度低。

c. 铁：减少粘模机会，增强硬度，减小拉伸值，缺点为会造成铝合金制品化合物内形成硬点。

熔化的技术：

a. 要求熔化温在 $670 \sim 760 ℃$。温度过高会吸收空气中的氢气。致使制品产生气泡、气洞，并要求在制品出现气泡、气洞时要应用该知识，用除气、控温的方法给予解决。铝合金中氢气的含量应低于 200ppm❶。

b. 熔化的工作温度要求在 $650 \sim 670 ℃$ 之间，温度过高会使铝料产生氧化作用。

⑥ 挤制成型（Extrusion Pressing），又称挤出成型、可塑法成型。

定义及原理：将陶瓷原料加入有机黏结剂和塑化成型助剂，经练泥、陈腐、塑化等工序，得到挤制用坯料后，将挤制坯料放入专用挤制成型设备，通过施加一定压力，使用活塞或螺杆通过开放式的压模嘴挤出成型坯体，挤出后的坯体可保持原有形状。在这种成型方法中，压模嘴即为成型模具，通过更换压模嘴可挤出不同形状的坯体。

挤制成型的分类：根据挤出时的环境温度，可分为冷挤压法和热挤压法。

特点及应用：挤制成型适用于生产长尺寸的棒、管、柱、板状产品以及其他截面一致的制品。挤出的长度几乎不受限制，更换挤压嘴可挤出各种形状的制品。可以挤制薄壁制品，但壁厚随直径的增大而增大。目前广泛应用的蜂窝陶瓷制品就是用挤制成型法生产的。此外挤制成型法也可以挤出薄片，然后再切割和冲压成不同的形状。挤出设备如图 7.11 所示。

挤出法工艺要点：粉料的均匀化和可塑化处理、挤压嘴结构、挤压速度和挤压温度。

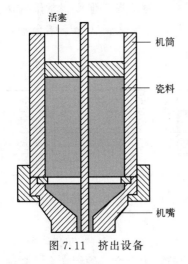

图 7.11 挤出设备

（活塞、机筒、瓷料、机嘴）

（2）WiFi＆BT 通信模块

WiFi 模块工作分两大工作模式：AP 模式（Access Point 模式）、STA 模式

---

❶ ppm：百万分之一。

（Station 模式）。

① AP 模式（Access Point 模式）：AP 模式也被称为热点模式。在此模式下，WiFi 模块扮演接入点的角色，类似于路由器的功能。它创造出一个无线网络，使其他设备能够连接到这个网络，仿佛在家庭或办公环境中设置的 WiFi 热点。AP 模式经常被用于建立直接连接，允许多个移动设备连接到一个核心设备，或者用于建构临时的无线网络。

② STA 模式（Station 模式）：STA 模式将设备变为一个无线网络的客户端。在这个模式下，设备连接到一个已存在的无线网络，就如同手机或笔记本电脑连接到家庭 WiFi 路由器一样。STA 模式能够使设备连接到现有的无线网络，从而能够访问互联网或与其他设备交流。

BT 蓝牙模块是指可以通过串口（SPI、IIC）和 MCU 控制设备进行数据传输的功能模块。它可以作为主机和从机。主机就是能够搜索别的蓝牙模块并主动建立连接，从机则不能主动建立连接，只能等别人连接自己。

储能电源的 WiFi&BT 通信模块主要功能是，由原来储能电源单独个体单向操作，向互联网移动终端延伸。储能电源接入互联网，即使用户在远离设备的情况下，还能通过手机 APP、平板电脑、电脑等设备实时对设备进行控制，如远程升级、设备开关机、查看设备输入输出功率、设备电量，设备报警信息推送等。储能电源的 WiFi&BT 通信模块由控制单元和 WiFi&BT 通信单元等组成。WiFi&BT 通信模块结构图如图 7.12 所示。

手机 APP 操控储能电源工作过程：WiFi/BT 通信模块功能启动，与手机 APP 联机正常，手机 APP 点开（关）功能键，以无线网络格式发送到 WiFi/BT 通信单元，WiFi/BT 通信单元收到点开（关）对应功能键请求，WiFi/BT 通信单元将请求以数据方式发送给控制单元，控制单元收到数据并处理，打开（关闭）设备对应功能，同时

图 7.12　WiFi&BT 通信模块结构图

把设备相关信息数据发回 WiFi/BT 通信单元，WiFi/BT 通信单元再将数据以无线网络方式发给手机 APP 展现出来。

（3）MPPT 充电管理模块

MPPT（Maximum Power Point Tracking）是一种电力调节器，用于太阳能电池板和其他类型的可再生能源发电系统中。它的主要作用是最大化发电设备的输出功率并将其输送到电池存储系统。MPPT 代表"最大功率点跟踪"，是一种智能型电子控制系统，可以追踪连接在系统上的太阳能电池板的最大功率点（MPP）。MPPT 通过调整电池负载和电流方向来提高太阳能电池板的效率，并跟踪电池板当前的 MPP，以确保它在此点上持续运行。MPPT 控制器利用微处

理器来监测电池板电压和电流，并计算出最佳变换器设置来实现最大功率点跟踪。

推出 UD01 储能专用 MPPT 充电解决方案，智能识别太阳能或其他 DC 类型电源插入，支持电池组串数为 4 串到 16 串，支持充电参数后端配置，输入端最大额定充电功率 800W，支持宽电压输入范围 12~80V，自适应升降自动调整充电方式，设置完整储能充电管理逻辑，无须担心过压过流过温等安全隐患，实现无人值守免干预安全充电。MPPT 充电管理模块如图 7.13 所示。

图 7.13　MPPT 充电管理模块

(4) LED 照明模块

便携移动储能 LED 照明必不可少，内置一个 LED 3~5W 灯用于照明，是户外使用场景一大亮点，具有高亮、低亮、SOS、爆闪等功能，方便用户在不同的场合使用。LED 照明模块如图 7.14 所示。

图 7.14　LED 照明模块

7.2.2　产品设计技巧

户用储能，可理解为家庭场景下的微型储能电站。从供电模式来看，传统电力系统为"集中式供能"，而户用储能设备提供的则是"分布式供能"的新思路，为应急、户外等场景，及利用峰谷电价差节省电费的需求提供解决方案。在家庭用电低谷时间，设备中的电池组处于充电模式，以备断电或用电高峰期使用，运行状态也不受城市供电压力影响。不同于常见的燃油发电机，户用储能设备以三元固态锂电池或磷酸铁锂电池为电能来源，搭配太阳能板等光伏系统使用。除了可以作为应急电源使用之外，户用储能系统也因为能够均衡用电负荷，从而可以节省家庭电力开支。无论从使用成本的经济效益角度考虑，还是从使用安全性、电源供给稳定性来看，户用储能设备均具备优势。

户用储能产品的设计理念主要包括以下几个方面。

① 高效能源利用：户用储能产品的设计应注重提高能源的利用效率，实现光伏电能的最大化利用。这包括通过合理的能量转换和存储设计，以及智能控制系统，实现对光伏发电和负载需求的精确匹配。

② 灵活运行模式：户用储能产品应具备并网和离网两种运行模式，以适应不同的使用环境和需求。在并网模式下，可以实现与电网的无缝对接，提供稳定的电力支持；在离网模式下，可以独立运行，满足无电网地区的用电需求。

③ 安全可靠：安全是户用储能产品设计的重要考虑因素。产品应采用高质量的材料和先进的制造工艺，确保在各种工况下的稳定运行。同时，还应设置完善的保护机制，如过压、过流、短路等保护功能，确保用户的安全。

④ 易于操作和维护：户用储能产品应具备简洁明了的操作界面和便捷的维护方式，使用户能够轻松掌握和使用。此外，产品还应具备远程监控和管理功能，方便用户随时了解系统的运行状态。

⑤ 个性化定制：随着消费者需求的多样化，户用储能产品也应提供个性化的定制服务，满足不同用户的特殊需求。这包括根据用户的用电习惯和预算，提供不同的系统配置方案；以及根据用户的家居风格，提供多种外观设计选择。

7.3　储能产品电子电路设计

本节以 3000W 正弦波逆变器为例，实用性比较强，可以带动空调、电磁炉、电陶炉、热水器等，比较适合在移动电源上或者房车上使用。

前级升压部分采用了全桥结构，可靠性、耐冲击性比推挽结构要好很多。逆变器实物如图 7.15 所示，逆变器主变压器如图 7.16 所示。

逆变器的前级用一个 EE55 双磁芯的主变压器，最大功率可以到 3500W，对于3000W 的功率，可以连续工作，温升可以接受。工作频率 40kHz，初级 4 匝，用铜带绕制，次级 28 匝，变比 1∶7。主变压器如图 7.17 所示。

母线高压回路采用准谐振方案，电压切换基本在零电流切换，有效消除硬开关引起的切换尖锋。

前级驱动采用对角线 PWM 驱动，用传统芯片 3525 作为信号源，用四个高速光耦P155 输出，后面是 8A 的电流放大，驱动卡

图 7.15　逆变器实物

可以做得比较小，比变压器驱动紧凑得多。图 7.18 所示为前级驱动卡照片。

图 7.16　逆变器主变压器

图 7.17　主变压器

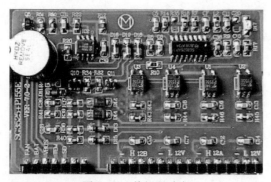

图 7.18　前级驱动卡

　　该驱动卡带有逐波限流保护功能，当回路受到大电流冲击时，通过检测前级功率管的 VDS 电压，判定功率管过流，迅速触发逐流保护电路控制占空比，以保护前级功率管不至于因为过流而失效。

　　后级驱动主芯片采用 APR9019 的 SPWM 芯片，SPWM 芯片如图 7.19 所示。

图 7.19　SPWM 芯片

主变压器的波形如图 7.20 所示，示波器显示正弦波如图 7.21 所示，符合设计要求。

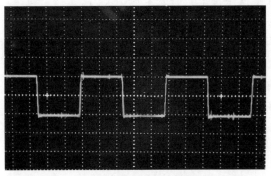

图 7.20　主变压器的波形

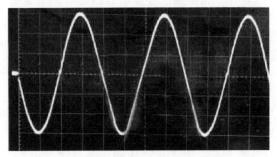

图 7.21　示波器显示正弦波

7.4　系统测试

作为户用储能系统中最重要的组成部分，储能电池是太阳能光伏发电系统不可缺少的存储电能部件，其主要功能是存储光伏发电系统的电能，并在日照量不足、夜间以及应急状态下为负载供电。户用储能系统在生产过程中通常需要经过多个测试环节来确保产品质量和性能。

以下是户用储能测试环节的介绍。

① 原材料测试：在生产储能系统之前，需要对使用的各种原材料进行测试和验证。这包括对电池、电池管理系统、电控系统、电池包装材料等进行质量检查和性能测试。

② 电池性能测试：对储能系统中使用的电池进行性能测试是至关重要的。这包括容量测试、循环寿命测试、放电性能测试等，以确保电池满足设计要求，并能提供稳定可靠的储能能力。

③ 安全性测试：储能系统的安全性是至关重要的。在生产过程中，需要进行安全性能测试，包括过充、过放、短路、高温等条件下的安全性能测试，以确保储能系统在各种不良条件下具备安全保护能力。

④ 效率测试：储能系统的能量转换效率是一个重要指标。需要进行效率测试，包括充电效率和放电效率的测量，以评估储能系统的能量损耗情况。

⑤ 环境适应性测试：户用储能系统在各种环境条件下都应能正常工作。因此，需要进行环境适应性测试，包括温度、湿度、振动等条件下的性能验证，以确保储能系统能够在各种环境下稳定运行。

⑥ 整机功能测试：生产完成的户用储能系统需要进行整机功能测试，包括各种工作模式的测试、电池充放电性能测试、通信功能测试等，以确保整个系统的各项功能正常运行。

以上是一些常见的户用储能测试环节，具体的测试过程和方法会根据不同的生产商和产品而有所差异。这些测试环节的目的是确保储能系统的质量、性能和安全性，以满足用户的需求并保证系统的可靠性。

7.5 选择合适的户用储能系统

① 确定用电的需求：在选择户用储能系统时，首先要明确家庭的用电需求，包括用电量、用电时间、用电设备等。

② 选择合适的电池类型：电池是户用储能系统的核心部件之一，选择合适的电池类型对系统的性能和使用寿命有着重要影响。目前常用的电池类型包括锂离子电池、铅酸电池等。

③ 考虑逆变器的性能：逆变器是户用储能系统中重要的电力电子设备之一，它可以将电池的直流电转化为交流电，供给家庭用电设备使用。在选择逆变器时，要考虑其输出功率、效率等因素。

④ 考虑充电设备的性能：充电设备是户用储能系统中重要的组成部分之一，它可以将电网的交流电转化为直流电，为电池充电。在选择充电设备时，要考虑其充电速度、充电效率等因素。

⑤ 考虑系统的自动化程度：户用储能系统可以与智能家居系统进行联动，实现自动化管理。在选择系统时，要考虑系统的自动化程度和智能化程度，以便更好地实现节能减排和提高用电质量的目的，如户用智能储能系统（系统足够智能则使用起来非常便捷省心）、能量管理系统（能一目了然看到每天充电放电情况）、支持手机原创操控条件且对有系统的相关的问题预警。

⑥ 考虑系统的安全性和可靠性：户用储能系统涉及高压电和化学物质等危险因素，因此要选择具有安全性和可靠性的产品。在选择系统时，要考虑其安全设计和可靠性保证措施等因素。

　⑦ 考虑系统的价格和售后服务：在选择户用储能系统时，还要考虑其价格和售后服务等因素。价格过高或者售后服务不好都会影响户用储能系统的使用体验和使用寿命。储能系统最好安装、拆卸、后期运维步骤简单，因为任何系统都有出故障的可能，但如果拆卸步骤复杂，维护成本高、时间长，后续一旦出故障是非常不便维修的。

7.6　户用储能产品的选配附件

7.6.1　铝边框太阳能板

　如图 7.22 所示为户用储能产品配套的太阳能电池板。

(1) 太阳能电池的发展背景

　进入 21 世纪，人类生存面临的最大困难之一是煤、石油、天然气等非可再生能源的日益枯竭和环境污染的日益加剧。美国的 Smalley 教授曾经指出，在未来的 50 年里，人类将面临随之而来的十大问题，其中能源问题排在首位。目前人类使用的能源中，化石能源占 90％以上，而到 21 世纪中叶，其比例将减少到人类使用能源的一半，达到其极值，之后核能和可再生能源将占主导地位。到 2100 年时，可再生能源将占人类使用能源的 1/3 以上。

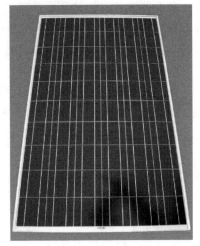

图 7.22　太阳能电池板

　在诸多可再生能源中，太阳能所蕴藏的能量是所有其他可再生能源能量总和的上千倍。太阳时时刻刻都在向地球发送着能量，并且这种能量取之不尽，用之不竭。如果仅仅将太阳发射到地球的总辐射功率换算成电功率，可以高达 $1.77 \times 10^{12} \, kW$，比目前全世界平均消费电力还要大数亿倍。太阳能不但数量巨大，而且源于太阳的各种绿色能源，如风能、潮汐能、生物质能都属于可再生能源，只要有太阳的存在，能源就像阳光一样源源不断。

　太阳能的利用有很多种，可以利用光的热效应，将太阳辐射能转化成热能，也可以利用光生伏特效应，将太阳辐射能直接转换成电能等。在太阳能的有效利用中，太阳能的光电利用成为近些年发展最快、最具活力的研究领域，太阳能电池的研究也迅速发展起来。太阳能电池具有许多其他发电方式所不具备的优点，如不消耗燃料、不受地域限制、规模可灵活组合、无污染、无噪声、安全可靠、维护简单、建设周期短、最具有大规模应用的可能性等。

（2）具体介绍太阳能电池板

太阳能电池板是太阳能发电系统中的核心部分，其作用是将太阳的辐射能力转换为电能，或在蓄电池中存储起来。在太阳能电池中较普遍且较实用的有单晶硅太阳能电池、多晶硅太阳能电池及非晶硅太阳能电池等三种。在太阳光充足日照好的东西部地区，采用多晶硅太阳能电池为好，因为多晶硅太阳能电池生产工艺相对简单，价格比单晶低。在阴雨天比较多、阳光相对不是很充足的南方地区，采用单晶硅太阳能电池为好，因为单晶硅太阳能电池性能参数比较稳定。非晶硅太阳能电池在室外阳光不足的情况下比较好，因为非晶硅太阳能电池对太阳光照条件要求比较低。

制作太阳能电池主要是以半导体材料为基础，其工作原理是利用光电材料吸收光能后发生光电转换效应。根据所用材料的不同。太阳能电池按结晶状态可分为结晶系薄膜式和非结晶系薄膜式两大类，而前者又分为单结晶形和多结晶形两种。按材料可分为硅薄膜形、化合物半导体薄膜形和有机膜形，而化合物半导体薄膜形又分为非结晶形（a-Si：H、a-Si：H：F、a-Si$_x$Ge$_{1-x}$：H 等）、Ⅲ、Ⅴ族（GaAs、InP 等）、Ⅱ、Ⅵ族（Cds 系）和磷化锌（Zn$_3$P$_2$）等。

单晶硅太阳能电池转换效率最高，在实验室里最高的转换效率为 26％，规模生产时的效率为 20％。硅太阳能电池技术相对较成熟，半导体材料的禁带不是太宽，光电转换率较高，材料本身不造成污染，所以硅是目前最理想的太阳能电池材料。在大规模应用和工业生产中占据主导地位，但由于单晶硅成本价格高，大幅度降低其成本很困难，为了节省硅材料，发展了多晶硅薄膜和非晶硅薄膜作为单晶硅太阳能电池的替代产品。

多晶硅太阳能电池与单晶硅太阳能电池相比，成本低廉，而效率高于非晶硅太阳能电池，其实验室最高转换效率为 20％，工业规模生产的转换效率为 18％。因此，多晶硅太阳能电池不久将会在太阳能电池市场上占据主导地位。

单晶硅和多晶硅太阳能电池是对 P 型（或 N 型）硅基片经过磷（或硼）扩散做成 PN 结而制得的。单晶硅太阳能电池因限于单晶的尺寸，单片电池面积难以做得很大，目前比较大的是直径为 10～20cm 的圆片。多晶硅太阳能电池是用浇铸的多晶硅锭切片制作而成，成本比单晶硅太阳能电池低，单片电池也可以做得比较大（例如 30cm×30cm 的方片），但由于晶界复合等因素的存在，效率比单晶硅太阳能电池低。现在，单晶硅和多晶硅太阳能电池的研究工作主要集中在以下几个方面。

① 用埋层电极、表面钝化、密栅工艺优化背电场及接触电极等来减少光生载流子的复合损失，提离载流子的收集效率，从而提高太阳能电池的效率。

② 用优化抗反射膜、凹凸表面、高反向背电极等方式减少光的反射及透射损失，以提高太阳能电池效率。

③ 以定向凝固法生长的铸造多晶硅锭代替单晶硅，固化正背电极的银浆、铝浆的丝网印制工艺，改进硅片的切、磨、抛光等工艺，以提高太阳能电池效率。

计算表明，若能在金属、陶瓷、玻璃等基板上低成本地制备厚度为 $30\sim 501\mu m$ 的大面积的优质多晶硅薄膜，则太阳能电池制作工艺可进一步简化，成本可大幅度降低，因此多晶硅太阳能电池正成为研究热点。

（3）单晶硅太阳能电池

单晶硅太阳能电池由于是经由圆柱形的晶锭裁切而成，并非完整的正方形，造成了一些精炼硅料的浪费，所以制程较贵。因此大部分的单晶硅四个角落都会有空隙，外观上很容易分辨。单晶硅太阳能电池的构造和生产工艺已定型，产品已广泛用于空间和地面。为了降低生产成本，现在地面应用的太阳能电池采用太阳能级的单晶硅棒，材料性能指标有所放宽。有的也可使用半导体器件加工的头尾料和废次单晶硅材料，经过复拉制成太阳能电池专用的单晶硅棒。

单晶硅太阳能电池以高纯的单晶硅棒为原料，纯度要求 99.999％，制作时将单晶硅棒切成片，一般片厚约 0.3mm。硅片经过抛磨、清洗等工序，制成待加工的原料硅片。加工太阳能电池片，首先要在硅片上掺杂和扩散，一般掺杂物为微量的硼、磷、锑等。扩散是在石英管制成的高温扩散炉中进行，这样就在硅片上形成 PN 结。然后采用丝网印刷法，将精配好的银浆印在硅片上做成栅线，经过烧结，同时制成背电极，并在有栅线的面涂覆减少光反射材料，以防大量的光子被光滑的硅片表面反射掉。制成的单晶硅太阳能电池的单体片经过抽查检验，即可按所需要的规格采用串联和并联的方法构成一定输出电压和电流的太阳能电池组件。最后用框架和材料进行封装。用户根据系统设计，可将太阳能电池组件组成各种大小不同的太阳能电池方阵，亦称太阳能电池阵列。单晶硅太阳能电池的特征如下。

① 原料硅的藏量丰富。由于太阳光的密度极低，故实用上需要大面积的太阳能电池，因此在原材料的供给上相当重要。

② Si 的密度低，材料轻，Si 材料本身对环境影响极低。

③ 与多晶硅及非晶硅太阳能电池比较，其转换效率较高。

④ 发电特性稳定，约有 20 年耐久性。

⑤ 在太阳光谱的主区域上，光吸收系数只有 $10^3 cm^{-1}$。为了增强太阳光谱吸收性能，需要 $100\mu m$ 厚的硅片。

目前单晶硅太阳能电池的开发主要在降低成本和提升效率两方面展开工作，单晶硅太阳能电池的转换效率为 15％～22％，由单晶硅太阳能电池构成的太阳能电池组件的转换效率约为 16％～18％，太阳能电池组件的转换效率的定义是依照该组件中最低太阳能电池转换效率为基准，而不是取太阳能电池的平均转换效率。

太阳能电池实用化的最重要问题就是要开发出性价比高的太阳能电池，实际上在太阳能电池中参与光电转换的仅是半导体表面几微米的一薄层。目前最为常用也是最成功的制备技术是采用热分解 SiH_4 气体的气相沉积法，在蓝宝石上沉积得到单晶硅薄膜。

（4）多晶硅太阳能电池

单晶硅太阳能电池虽有其优点，但因价格昂贵，使得单晶硅太阳能电池在低价市场上的发展受到阻碍。而多晶硅太阳能电池的优势首先是成本低，其次才是效率高。多晶硅太阳能电池与单晶硅太阳能电池虽然结晶构造不一样，但光伏原理一样。导致多晶硅太阳能电池降低成本的方式主要有三个。

① 纯化过程没有将杂质完全去除。

② 使用较快速的方式让硅结晶。

③ 避免切片造成的浪费。

这三个原因使得多晶硅太阳能电池在制造成本及时间上都比单晶硅太阳能电池低和少，但由此使得多晶硅太阳能电池的结晶构造较差。多晶硅太阳能电池结晶构造较差的主要原因如下。

① 本身含有杂质。

② 硅在结晶的时候速度较快，硅原子没有足够的时间形成单一晶格而形成许多结晶颗粒。

结晶颗粒愈大则效率与单晶硅太阳能电池愈接近，结晶颗粒愈小则效率愈差，而且结晶边界的硅原子键结合较差，容易受紫外线破坏而产生更多的悬浮键，随着使用时间的增加，悬浮键的数目也会增加，光电转换效率因而逐渐衰退，这是多晶硅太阳能电池的主要缺点，而成本低为其主要优点。

常规的晶体硅太阳能电池是在厚度 $350\sim450\mu m$ 的高质量硅片上制成的，这种硅片从提拉或浇铸的硅锭上锯割而成。因此实际消耗的硅材料更多。为了节省材料，人们从 20 世纪 70 年代中期就开始在廉价衬底上沉积多晶硅薄膜，但由于生长的硅膜晶粒太小，未能制成有价值的太阳能电池。

为了获得大尺寸晶粒的薄膜，人们一直没有停止过研究，并提出了很多方法。目前制备多晶硅太阳能电池多采用化学气相沉积法，包括低压化学气相沉积（LPCVD）和等离子增强化学气相沉积（PECVD）工艺。此外，液相外延法（LPPE）和溅射沉积法也可用来制备多晶硅太阳能电池。

化学气相沉积主要是以 SiH_2Cl_2、$S1HCl_3$、$SiCl_4$ 或 SiH_4 为反应气体，在一定的保护气（氮气）下反应生成硅原子并沉积在加热的衬底上，衬底材料一般选用 Si、SiO_2、Si_3N_4 等。但研究发现，在非硅衬底上很难形成较大的晶粒，并且容易在晶粒间形成空隙。解决这一问题的办法是先用 LPCVD 在衬底上沉积一层较薄的非晶硅层，再将这层非晶硅层退火，得到较大的晶粒，然后再在这层籽晶上沉积厚的多晶硅薄膜，因此，再结晶技术无疑是很重要的一个环节，目前采用的技术主要有固相结晶法和中区熔再结晶法。多晶硅太阳能电池除采用了再结晶工艺外，还采用了几乎所有制备单晶硅太阳能电池的技术，这样制得的太阳能电池转换效率明显提高。

多晶硅太阳能电池的其他特性与单晶硅太阳能电池类似，如温度特性、太阳能电池性能随入射光强的变化等。从制作成本上来讲，比单晶硅太阳能电池材料制造简便，节约电耗，总的生产成本较低，因此得到大量发展。此外，多晶硅太阳能电池的使用寿命也要比单晶硅太阳能电池短。从性价比来讲，单晶硅太阳能电池优于多晶硅太阳能电池。

在太阳能光伏利用上，单晶硅和多晶硅太阳能电池发挥着巨大的作用。虽然从目前来讲，要使太阳能光伏技术具有较大的市场、被广大的消费者接受，就必须提高太阳能电池的光电转换效率，降低生产成本。从目前国际太阳能电池的发展过程可以看出其发展趋势为单晶硅、多晶硅、带状硅、薄膜材料（包括微晶硅基薄膜、化合物基薄膜及染料薄膜）。从工业化发展来看，重心已由单晶向多晶方向发展，主要原因如下。

① 可供制作单晶硅太阳能电池的头尾料愈来愈少。

② 对太阳能电池来讲，方形基片更合算，通过浇铸法和直接凝固法所获得的多晶硅可直接获得方形材料。

③ 多晶硅的生产工艺不断取得进展，全自动的浇铸炉每生产周期（50h）可生产 200kg 以上的硅锭，晶粒的尺寸达到厘米级。

④ 多晶硅太阳能电池由于所使用的硅比单晶硅太阳能电池少很多，不存在效率衰退等问题，而且有可能在廉价衬底材料上制备。

⑤ 多晶硅太阳能电池的成本远低于单晶硅太阳能电池，光电转换率近 16%，高于非晶硅太阳能电池。

由于近年单晶硅工艺的研究与发展很快，其工艺也被应用于多晶硅太阳能电池的生产，例如选择腐蚀发射结、背表面场、腐蚀绒面、表面和体钝化、细金属栅电极，采用丝网印刷技术可使栅电极的宽度降低到 $50\mu m$，高度达到 $15\mu m$ 以上，快速热退火技术用于多晶硅的生产可大大缩短工艺时间，单片热工序时间可在 1min 之内完成，采用该工艺在 $100cm^2$ 的多晶硅片上作出的太阳能电池转换效率超过 16%。

（5）非晶硅太阳能电池

开发太阳能电池的两个关键问题是：提高转换效率和降低成本。由于非晶硅太阳能电池具有很低的成本，便于大规模生产，普遍受到人们的重视并得到迅速发展。早在 20 世纪 70 年代初，Carlson 等就已经开始了对非晶硅太阳能电池的研制工作，近几年它的研制工作得到了迅速发展，目前世界上已有许多家公司在生产该类太阳能电池产品。非晶硅作为太阳能材料尽管是一种很好的电池材料，但由于其光学带隙为 1.7eV，使得材料本身对太阳辐射光谱的长波区域不敏感，这样一来就限制了非晶硅太阳能电池的转换效率。此外，其光电效率会随着光照时间的延续而衰减，即所谓的光致衰退效应，使得太阳能电池的性能不稳定。解决这些问题的途径就是制备叠层太阳能电池，叠层太阳能电池是在制备的 PIN 层单结太阳能电池上再沉积一个或多个 PIN 层电池制得的。

叠层太阳能电池提高了转换效率、解决单结电池不稳定性的关键问题在于：

① 它把不同禁带宽度的材料组合在一起，提高了光谱的响应范围；

② 顶电池的 I 层较薄，光照产生的电场强度变化不大，保证 I 层中的光生载流子抽出；

③ 底电池产生的载流子约为单电池的一半，光致衰退效应减小；

④ 叠层太阳能电池各子电池是串联在一起的。

由于非晶硅具有十分独特的物理性能和在制作工艺方面的加工优点，成为大面积的高效率太阳能电池的研究重点和核心之一。非晶硅对太阳光有很高的吸收系数，并产生最佳的光电导值，是一种良好的光导体；很容易实现高浓度掺杂，获得优良的 PN 结；可以在很宽的组分范围内控制它的能隙变化。

非晶硅中由于原子排列缺少结晶硅中的规则性，缺陷多。因此在单纯的非晶硅 PN 结中，隧道电流往往占主导地位，使其呈现隧道电流特性，而无整流特性。为得到好的二极管整流特性，一定要在 P 层与 N 层之间加入较厚的本征层 I，以扼制其电流，所以非晶硅太阳能电池一般具有 PIN 结构。为了提高效率和改善稳定性，有时还制作成多层 PIN 结构的叠层电池，或是插入一些过渡层。

非晶硅太阳能电池是发展最完整的薄膜式太阳能电池，其结构通常为 PIN（或 NIP）形，P 层跟 N 层主要用于建立内部电场，I 层则由非晶系硅构成。由于非晶系硅具有高的光吸收能力，因此 I 层厚度通常只有 $0.2 \sim 0.5 \mu m$。其禁带宽度范围约 $1.1 \sim 1.7 eV$，不同于晶圆硅的 $1.1 eV$，非晶物质不同于结晶物质，结构均一度低，因此电子与空穴在材料内部传导，如距离过长，两者重合概率极高，为避免此现象发生，I 层不宜过厚，但如太薄又易造成吸光不足。为克服此问题，此类型太阳能电池采用多层结构堆栈方式设计，以兼顾吸光与光电效率。

非晶硅太阳能电池的制备方法有很多，其中包括反应溅射法、PECVD 法、LPCVD 法等，反应原料气体为 H_2 稀释的 SiH_4，衬底主要为玻璃及不锈钢片，制成的非晶硅薄膜经过不同的太阳能电池工艺过程可分别制得单结太阳能电池和叠层太阳能电池。

非晶硅太阳能电池一般是用高频辉光放电等方法使硅烷（SiH_4）气体分解沉积而成的，由于分解沉积温度低（200℃左右），因此制作时能量消耗少，成本比较低，且这种方法适于大规模生产，单片太阳能电池面积可以做得很大（例如 $0.5m \times 1.0m$），整齐美观。

非晶硅太阳能电池由于具有较高的转换效率和较低的成本及重量轻等特点，有着极大的潜力，但同时由于它的稳定性不高，直接影响了它的实际应用。如果能进一步解决稳定性及提高转换率，那么，非晶硅太阳能电池无疑是太阳能电池的主要发展产品之一。

由于非晶硅对太阳光的吸收系数大，因而非晶硅太阳能电池可以做得很薄，通常硅膜厚度仅为 $1\sim2\mu m$，是单晶硅或多晶硅太阳能电池厚度（0.5mm 左右）的 1/500，所以制作非晶硅太阳能电池资源消耗少。

非晶硅由于其内部结构的不稳定性和大量氢原子而使其具有光疲劳效应。针对非晶硅太阳能电池的长期运行稳定性问题，现在非晶硅太阳能电池的研究主要着重于改善非晶硅膜本身性质，以减少缺陷密度，精确设计电池结构和控制各层厚度，改善各层之间的界面状态，以求得高效率和高稳定性。目前非晶硅单结电池的最高效率已达 19％左右，工业化生产的可达到 12％～15％，叠层非晶硅太阳能电池的最高效率可达到 21％。

7.6.2　400W/36V 防水折叠太阳能板

展开正面效果图如图 7.23 所示，展开背面效果图如图 7.24 所示，折叠后的效果图如图 7.25 所示。

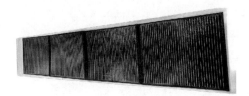

图 7.23　展开正面效果图

图 7.24　展开背面效果图

(1) 产品特点

该产品适用于光伏发电系统，为各种储能电源在户外阳光下充电之用，为了提高太阳能板的便携性、抗跌落性能、方便维护和安装接入而设计，具体有如下特点：

① 太阳能折叠包产品轻便，外形紧凑合理，开合方便，标配有支撑架，适合户外携带使用。

② 太阳能板采用 FR-4 玻璃纤维板基材＋EVA＋ETFE 保护膜层压的封装工艺，产品寿命长达 10 年。

图 7.25　折叠后的效果图

③ 采用高效 A 级单晶硅电池片生产，电池片光电效率 23％以上。

④ 产品防水性能和耐脏性能强，脏污后易清洗。

⑤ 太阳能折叠包适合为额定电压 DC24V 储能电池充电之用（需另外接充电保护控制器）。

⑥ 具备一定的抗跌落撞击性能（可承受的跌落高度 1m 以内，太阳能板正面不可撞击于尖锐物体上，以防破坏内部的太阳能电池片）。

⑦ 输出线 MC4 红黑线/安德森/DC/XT60。

⑧ 采用防水布料和工艺，如遇雨水水淋不影响正常使用。注意不可被海水等导电性/腐蚀性液体接触，可能导致内部短路造成不能正常发电。如有接触，用清水冲洗干净晾干即可。

⑨ 可根据使用者需要进行定制修改（颜色/功率/电压/外形尺寸等）。

（2）性能参数

如表 7.8 所示。

表 7.8 性能参数

型号	400W-36V
峰值功率/W	400
开路电压/V	36
峰值电压/V	43.2
峰值电流/A	11.11
短路电流/A	11.66
电池片光电效率/%	23
太阳能板数量	100W/18V×4pcs
折叠后尺寸/(mm×mm×mm)	725×815×80
展开后尺寸/(mm×mm×mm)	2970×815×50
净重/kg	12.5
太阳能电池片	高效 A 级单晶硅电池片
太阳能板表面封装	透明 ETFE 表面透明复合材料加强保护
太阳能板底板加强材质	玻璃纤维板
输出端口	MC4 红黑线安德森/DC/XT60
太阳能包布料（外表面）	黑色（防水型）
额定工作温度范围	额定工作温度(48±2)℃/工作温度范围−40～+85℃
储存温度范围/℃	−10～+30
防水等级	IP65
功率/电压/电流温度系数	−0.35%/℃，−0.272%/℃，+0.044%/℃
寿命	寿命≥10 年
STC 标准测试条件	辐照度 1000W/m² ，温度 25℃，AM1.5
其他	25mm 胶手把,黑色

（3）使用说明

太阳能连接电气原理示意图如图 7.26 所示。

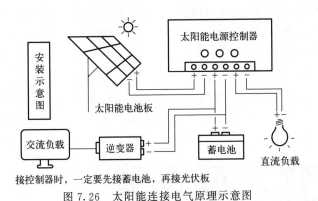

接控制器时，一定要先接蓄电池，再接光伏板

图 7.26　太阳能连接电气原理示意图

7.7　户用储能实际应用案例

如图 7.27 所示为一款户储产品，整体外观采用流线型设计，底部带有四个万向橡胶静音轮子，方便使用者在室内外进行移动，在户储的前面板上设计有直流和交流的多种输出接口，具体细节如图 7.28 所示。

图 7.27　户储室内使用场景

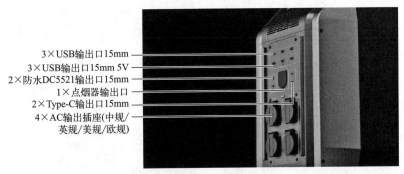

3×USB输出口15mm
3×USB输出口15mm 5V
2×防水DC5521输出口15mm
1×点烟器输出口
2×Type-C输出口15mm
4×AC输出插座(中规/
英规/美规/欧规)

图 7.28　前面板多种输出接口

从图 7.28 中可以看到，在户储产品的前面板有多种输出接口，最顶部有三个 15mm 的 USB 输出口，下面有三个 5V 的 USB 输出口，再下面左侧有两个 DC5521 输出口，右侧有两个 Type-C 输出口，中间是一个点烟器输出口。最底部是四个 AC 交流输出插座，可以选择中规、英规、澳规、美规和欧规等型号。

图 7.29 所示为后面板的多种输入接口，最上面左侧为 AC 交流快充输入口，最大输入功率 3000W，右侧为两个 MPPT 太阳能充电接口，最大功率 1000W。下面左侧为一个交流并机接口，右侧为两个 100A 的直流并机接口。

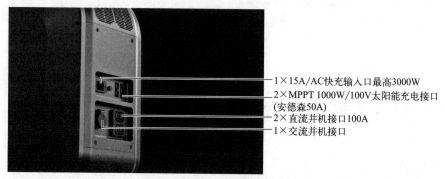

图 7.29　后面板多种输入接口

图 7.30 所示为在户外使用户储给电烤箱进行供电，但是电烤箱的功率通常是 1000～2000W。户储产品可以放在电器的旁边进行供电，如果没有户储产品就需要从室内拉出来一条十几米的电线，不仅线损很大而且非常危险。

从图 7.31 可以看到电烤箱可以正常地运行并且把食物烤制好，按照电烤箱 1500W 的用电功率计算，这台 5120Wh 的户储产品可以保证电烤箱正常运行 3.4h，所以完全可以保证正常的家庭用电需求。

图 7.30　户储户外使用

图 7.31　户储户外使用电烤箱

从图 7.32 中可以看到户储产品不仅可以输出给笔记本电脑、音响和手机进行充电（笔记本电脑功率在 40～50W，按照 50W 的用电功率计算，可以给一台笔记本电脑充电 102h），同时可以利用太阳能板对户储产品进行充电，最大可以支持 2400W 太阳能板的输入功率，理想状态下 2.2h 可以完成充电。

如图 7.33 所示为户储产品结合房车一起使用的场景，房车户外旅行用电是一个需要考虑的问题，空调、电视机、照明灯和小电器等都是房车内的耗电设备，房车内的电器类型和功率大小各不相同。以下是一些房车内常用的电器类型及其功率大小。

图 7.32　户储户外结合太阳能板使用

图 7.33　户储结合房车使用

① 21in 电视，功率大概 50W，预计一天使用 5h，累计耗电 0.25kWh，这款便携式户储产品可为电视供电约 20h。

② 90L 的冰箱，全天使用，累计耗电也不会超过 0.5kWh。这款便携式户储产品可为冰箱供电约 10d。

③ 100W 的笔记本（一般在 60W），预计一天使用 5h，累计耗电 0.5kWh。这款便携式户储产品可为笔记本电脑供电约 10d。

④ 800W 左右的电饭煲，容积 4L，预计一天使用 2 次共半个小时，累计耗电 0.4kWh。这款便携式户储产品可为电饭煲供电约 12d。

⑤ 900W 的电压力锅，预计一天使用 2 次共半个小时，累计耗电 0.45kWh。这款便携式户储产品可为电饭煲供电约 11d。

在房车旅行过程中，可能会遇到电力不足的情况，因此携带一台户储产品以备不时之需就很重要，一般 1kWh 以内的户外便携式储能电源就完全不能满足房车上的用电需求，Powerfar 的这款便携式户储产品就非常适合房车上使用，不仅体积小，而且有 5.12kWh 的电量存储，按照上述房车内常用的较大功率电器每天耗电约 2.1kWh 计算，这款产品可以保证房车 2～3 天的正常用电需求。

7.8 防护等级补充说明

（1）第一位特征数字表述的防护等级要求

如表 7.9 所示。

表 7.9 第一位特征数字表述的防护等级

IP0X	无防护
IP1X	防大于 50mm 的固体异物，如手背
IP2X	防大于 12mm 的固体异物，如手指
IP3X	防大于 2.5mm 的固体异物
IP4X	防大于 1mm 的固体异物
IP5X	防尘，尘埃进入不能达到妨碍的程度
IP6X	尘密：无尘埃进入外壳

（2）第二位特征数字表述的防护等级要求

如表 7.10 所示。

表 7.10 第二位特征数字表述的防护等级

IPX0	无防护
IPX1	防滴水，垂直滴水
IPX2	倾斜 15°防滴水，外壳倾斜 15°时，垂直滴水
IPX3	防淋水，与垂直成 60°范围以内的淋水
IPX4	防溅水，从任何方向朝外壳溅水
IPX5	防喷水，用喷嘴以任何方向朝外壳喷水
IPX6	防强喷水，猛烈海浪或强烈喷水
IPX7	水密，浸入水中时，不应达到有害的程度
IPX8	压力水密，按规定的条件长期潜水

（3）试验前的准备

进行外壳防护试验时，应按正常使用安装和接线，并置于最不利位置，装配完整，附件应作为整体的一部分进行试验。

除玻璃罩的手动固定螺钉以手感拧紧以外，外罩的固定螺钉、密封压盖、螺纹盖等应该用扭力试具按规定的转矩拧紧，而且应注意受力均匀。

外壳防护等级试验应先进行防固体异物和防尘试验，后进行防水试验。

各部分具有不同外壳防护等级，应先对防护等级低的部分进行试验和检查，后进行防护等级高的试验。

嵌入式凹槽内的部件和凸出凹槽的部件，应根据安装说明书中对 IP 分类的规定各自试验。防水试验时，有必要将凹槽内的部件封闭在一个盒子里。

除了 IPX8 以外，进行防尘和防水试验前，应在额定电压下点燃至稳定的工作温度。试验用水的温度应为 15℃±10℃。

（4）试验方法

防固体异物（IP3X 和 IP4X）使用 GB/T 16842 规定的 C 型或 D 型试具（见图 7.34），在每一个可能的部位（不包括密封圈）进行试验，并施加表 7.11 的力。防固体异物试具参数如表 7.11 所示。IP2X、IP3X、IP4X 触及试具如图 7.34 所示。

表 7.11　防固体异物试具参数

参数	试具	试具直径	施加的力
IPX3	C	2.5mm	3N±10%
IPX4	D	1mm	1N±10%

图 7.34　IP2X、IP3X、IP4X 触及试具

防尘（IP5X），应在与图 7.35 相似的粉尘试验箱内试验，试验程序如下。

① 挂在粉尘箱外面，在额定电源电压下工作直至达到工作温度。

② 将正在工作的产品以最小的扰动放入粉尘箱内。

③ 关上粉尘箱的门。

④ 开启风扇或风机，使滑石粉悬浮。

⑤ 1min 后关掉产品电源，并使之在滑石粉保持悬浮状态下冷却 3h。粉尘试验箱如图 7.35 所示。

尘密（IP6X），与防尘产品（IP5X）的试验方法相同。

防滴（IPX1），应承受 10min 的 3mm/min 的人工降雨试验，人工降雨由顶部上方 200mm 高处垂直落下。滴水试验装置如图 7.36 所示。

防淋（IPX3），使用如图 7.37 所示淋水装置试验。管子上的孔应使水喷向圆的中心，装置入口处的水压约为 80kN/m²。管子应摆动 120°，垂线两侧各 60°，完整摆动一次（2×120°）的时间约 4s。

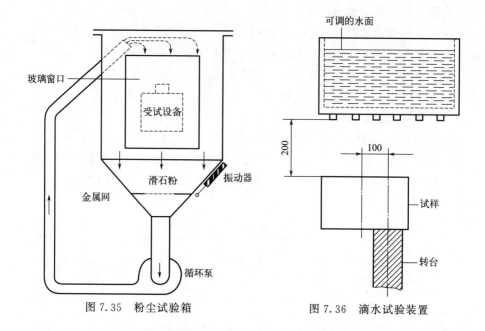

图 7.35　粉尘试验箱　　　　　　　　图 7.36　滴水试验装置

待测产品安装在管子的旋转中心以上，使产品能充分喷到水。试验时应绕其垂直轴旋转，转速为 1r/min。10min 后，关掉电源开关自然冷却，同时继续喷水 10min。防淋和防溅试验装置如图 7.37 所示。

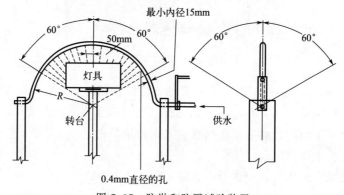

图 7.37　防淋和防溅试验装置

防溅（IPX4），使用如图 7.37 所示的溅水装置试验，按 IPX3 相同的方法从各个方向喷水 10min，安装在管子的旋转中心以下，使两端都能充分地喷到水。管子应摆动约 360°，垂线两侧各 180°，完整摆动一次（2×360°）的时间约 12s。试验时绕其垂直轴旋转，转速为 1r/min。受试设备的支撑件应呈格栅状，以避免起挡板的作用。10min 后，关掉电源，使产品继续冷却，同时继续喷水 10min。

防喷（IPX5），关掉电源，立即用带喷嘴的软管从各方向喷水 15min，
应调节喷嘴处的水压，使出水速率达到 12.5L/min±5%（约 30kN/m²）。

防强喷（IPX6），关掉电源开关，立即用带喷嘴的软管从各方向喷水 3min，
喷嘴的形状和尺寸如图 7.38 所示。喷嘴离样品距离应保持 3m。

应调节喷嘴处的水压，使出水速率达到 100L/min±5%（约 100kN/m²）。
喷嘴如图 7.38 所示，防喷试验用的喷嘴如图 7.39 所示。

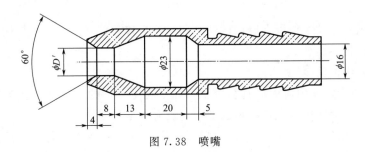

图 7.38　喷嘴

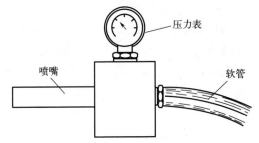

图 7.39　防喷试验用的喷嘴

（5）合格判定

在耐久性试验后进行防尘和防水试验。

产品是高发热电器，长期受热会使塑料部件老化变形、密封件老化失去弹
性、黏结剂失效等。因此，各项产品标准中都规定了试验次序，规定了在耐久性
试验后进行防尘和防水试验，相当于经过一段时间使用老化后，仍应保持外壳防
护性能。如果在没有经过耐久性试验老化的样品上进行防尘和防水试验，其试验
结果只能证明该产品在全新状态是能够满足外壳防护等级要求的，而不能证明其
在标准意义上的符合外壳防护等级要求。

（6）防固体异物试验

IP2X，试验指不能触及带电部件，不需要用 GB/T 4208 规定的钢球进行
试验。

试验指试验时，在外壳部件的槽或开口处，测量试验指离外壳内带电部件的
爬电距离和电气间隙。

IP3X、IP4X，相关的产品不能进入外壳，有排水孔的产品试具不能通过排

水孔触及带电部件。

防尘、防水试验完成后，应承受电气强度试验，并且随后进行目视检验。

应特别注意在目视检验完成前，试品应保持防尘、防水试验时的受试位置，擦干净试品外表面的粉尘和水，搬动试品时应平移。

打开罩盖检查前，应尽可能清除密封结合面所含的粉尘和水，开盖时应关注密封结合面所含的粉尘和水是否在开盖时掉落在腔体内，应排除这些因素对试验结果的影响。

一旦试品变动了位置，腔内的粉尘和水就会移动，就会失去分析试验失败原因的最佳时机。

（7）防尘试验

IP5X 防尘产品内应无滑石粉沉积，如果粉尘导电的话，绝缘就会失效，同时沿爬电距离会导致漏电。起痕的地方应没有灰尘积聚。

IP6X 尘密外壳内表面无可见的滑石粉积聚，可用黑色手套或布轻轻擦拭内部的电气部件，检查是否有可见的灰尘。

（8）防水试验

在载流部件上、安全特低电压部件上、水迹可能对使用者或周围环境造成危害的绝缘体上应无水的痕迹，例如，可能会使爬电距离或电气间隙下降。

应注意不要将凝露误认为进水，凝露是以水珠的形态吸附在零部件表面，不会连成片、形成积水。

第8章
汽车应急启动电源
设计方法及案例

汽车应急启动电源是为驾车出行的爱车人士和商务人士所开发出来的一款多功能便携式移动电源。它的特色功能是在汽车亏电或者因其他原因无法启动汽车的时候能启动汽车，同时将充气泵与应急电源、户外照明等功能结合起来，是户外出行必备的产品之一。

目前用作应急启动电源的主要有如下几类，不过不管是哪类，都对放电倍率有较高要求。例如：电动自行车的铅酸电瓶和手机充电宝的锂离子电池的电流就远远不足以启动汽车。

（1）铅酸类

① 传统平板铅酸蓄电池：优点是价格便宜、粗放耐用、高温安全，缺点是体积笨重、频繁充电维护、稀硫酸易漏液或干涸失效、低温0℃以下无法使用。

② 卷绕电池：优点是价格便宜、小巧便携、高温安全、低温−10℃以下能使用、维护简单、寿命长，缺点是相对锂离子电池体积重量较大、功能较锂离子电池少。

（2）锂离子类

① 聚合物钴酸锂电池：优点是小巧、美观、多功能、便携、待机时间长，缺点是高温会爆炸、低温无法使用、保护线路复杂、不能过载、容量小、价格昂贵。

② 磷酸铁锂电池：优点是小巧便携、美观、待机时间长、寿命长、比聚合物电池更耐高温，低温−10℃以下能使用；缺点是高温70℃以上不安全，保护线路复杂、容量较卷绕电池小、价格比聚合物电池昂贵。

（3）电容类

超级电容：优点是小巧便携、放电电流极大、充电迅速、寿命超长；缺点是高温70℃以上不安全，保护线路复杂、容量最小、价格极为昂贵。

产品特征如下。

① 汽车应急启动电源可以给所有12V电瓶输出的汽车打火，但不同排量汽车适用产品范围会有所不同，能够提供野外应急救援等方面的服务。

② 标配 LED 超亮白灯，闪变警示灯和 SOS 信号灯，是出行旅游好帮手。

③ 汽车应急启动电源不仅支持汽车应急启动，还支持多种输出：有 5V 输出（支持各类手机等移动产品）、12V 输出（支持路由器等产品）、19V 输出（支持绝大部分笔记本电脑产品）。

④ 汽车应急启动电源内置免维护铅酸蓄电池，同时也有高性能聚合物锂离子电池，可选范围多。

⑤ 锂离子聚合物类汽车应急启动电源使用寿命长，充放电循环可以到 500 次以上，充满电（电量显示 5 格）可以启动汽车 20 次。

⑥ 铅酸蓄电池类应急启动电源配备充气泵，压强为 120psi，可以方便充气。

⑦ 特别说明：锂离子聚合物类应急启动电源电量显示需在 50% 以上才可以给汽车打火，否则可能烧坏汽车应急启动电源主机。

（4）操作说明

① 将手动制动拉起，离合放置在空挡，检查启动器开关，应处在 OFF 挡。

② 汽车应急启动电源放置在平稳的地面或是非移动的平台，远离发动机及传动带。

③ 将汽车应急启动电源红色正极夹（＋）连接到缺电的电瓶正极并确保连接牢固。

④ 将汽车应急启动电源黑色辅机夹（－）连接汽车的接地柱，并且确保连接牢固。

⑤ 检查连接的正确性和牢固性。

⑥ 启动汽车（不超过 5s），如果一次启动没有成功，请间隔 5s 以上再尝试启动。

⑦ 成功后从接地柱将负极夹取下。

⑧ 将汽车应急启动电源红色正极夹从电池正极取下。

⑨ 电池使用完毕，请充电。

（5）汽车应急启动电源充电

需使用专用充电器进行充电。在初次使用前，请先对产品充电 12h，锂离子聚合物电池平时一般 4h 可以充满，并非充得越久越好。免维护铅酸蓄电池根据产品容量的不同，需充电的时间也有所不同，但充电时常相较锂聚合物电池长。

（6）锂聚合物类电池充电步骤

① 将随机附送的充电连线母头插入汽车应急启动电源充电连接口，并确认牢固。

② 将充电连接线另一端插入市电插座，并确认牢固。

③ 此时充电指示灯会点亮，表示充电正在进行。

④ 充电完成后，指示灯关闭，静置 1h，检测电池电压达到要求，即表示充满。

⑤ 充电时长不要大于 24h。

(7) 循环使用

为了达到汽车应急启动电源的最大使用寿命，建议在任何时候都将本机保持充满状态，如果电源不保持充满状态，电源的寿命会有所缩短。不使用时请保证每 6 个月充放电一次。

8.1　汽车应急启动电源外观 ID 设计

汽车应急启动电源的主要工作就是当汽车电瓶没电或是坏死而导致无法启动时，可短时间启动汽车点火电源设备。车辆因为恶劣天气或者突发情况打不着火，是非常尴尬的一件事情，如果没有准备，则只能求助于别人或者叫救援，耗费钱财是小，耽误时间是大，尤其是外出自驾游时，甚至有可能直接造成出游计划的搁浅。如果能够提前准备一个汽车应急启动电源，就可以放心出行每一天。汽车应急启动电源如图 8.1 所示。

这款汽车应急电源设计是为一家专业的汽车配件厂商设计的，公司的工业设计师在前期沟通设计中做了大量的工作，最终为客户打造了"Powerfar"这款产品。在产品名称上突显了品牌定位，Power 为能量，而 far 代表能量的放大。汽车应急启动电源应用场景如图 8.2 所示。

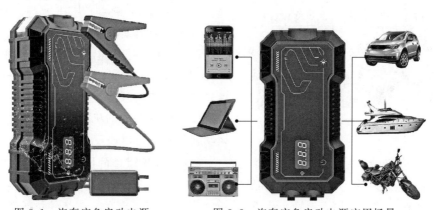

图 8.1　汽车应急启动电源　　　　图 8.2　汽车应急启动电源应用场景

产品使用方面，考虑到汽车应急启动电源使用的便携性，设计师从造型方面入手，在不影响其功能实现的基础上，尽可能地优化内部结构设计，使其体积小巧、手握感舒适，方便用户的携带和使用。与此同时，汽车应急启动电源设计有照明、手机充电等功能，不仅提高了产品的附加值和实用性，还让用户从产品的使用中获得更多的满足感，为用户提供安全可靠、简便舒适的行车体验。

整体而言，在汽车应急启动电源设计的过程中，设计师应以用户的需求为出发点，善于挖掘产品的消费痛点，在设计中坚持人性化的设计理念，把自己的创意融入其中，从造型、色彩、材质、结构、人机等多个方面进行设计创新，赋予产品独特的魅力，保证产品功能的稳定性、实用性及经济环保性，为用户提供安全可靠、简便舒适的使用体验。

8.2 汽车应急启动电源的结构设计

结构设计方面，汽车应急启动电源采用先进的智能终端分频技术，可以自动检测双输出电流大小、双 USB 连接端口设置，智能识别分频输出，能够满足汽车各种充电终端需求。产品外观设计方面，设计师根据市场需求，充分考虑产品的使用环境，采用环保绿和黑色搭配的色彩表达，造型美观，突出产品节能耐用的特点，整体给人稳重安全的感官体验，让人感到可靠。

8.2.1 结构设计分析

(1) 汽车应急启动电源案例一

本章节对两款汽车应急启动电源的结构设计进行分析。汽车应急启动电源主要分为上下两个塑胶件结构，上下件的连接一般通过上下盖板卡扣式或者超声波焊接，使上下两个零件牢牢地连接在一起。这里简单讲解一下超声波焊接的方法。汽车应急启动电源如图 8.3 所示。

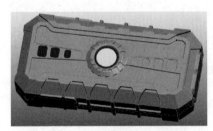

图 8.3 汽车应急启动电源

超声波焊接是通过超声波发生器将 50/60Hz 电流转换成 15、20、30 或 40kHz 电能。被转换的高频电能通过换能器再次被转换成为同等频率的机械运动，随后机械运动通过一套可以改变振幅的变幅杆装置传递到焊头。焊头将接收到的振动能量传递到待焊接零件的接合部，在该区域，振动能量通过摩擦方式转换成热能，将塑料熔化。超声波不仅可以用来焊接硬热塑性塑料，还可以加工织物和薄膜。一套超声波焊接系统的主要组件包括超声波发生器，换能器变幅杆/焊头三联组、模具和机架。线性振动摩擦焊接利用在两个待焊零件接触面所产生的摩擦热能来使塑料熔化。热能来自一定压力下，一个零件在另一个表面以一定的位移或振幅往复地移动。一旦达到预期的焊接程度，振动就会停止，同时仍旧会有一定的压力施加于两个零件上，使刚刚焊接好的部分冷却、固化，从而形成紧密的结合。轨道式振动摩擦焊接是一种利用摩擦热能焊接的方法。在进行轨道式振动摩擦焊接时，上部的零件以固定的速度进行轨道运动，向各个方向作圆周运动。运动产生的热能使两个塑料件的焊接部分达到熔点。一旦塑料开始熔化，运动就停止，两个零件的焊接部分将凝固并牢牢地连接在一起。小的夹持力会导致零件产生最小程度的变形。直径在 10 英寸❶以内的零件可以应用轨道式振动摩擦进行焊接。

如图 8.4 所示为这款汽车应急启动电源的上盖板部分，主要材料是塑胶件，采用塑胶件的主要原因是材料重量更轻，塑胶件的绝缘性、性价比更高。上盖板主要在外观设计上采用了对称的设计思路，中间是一个充电时的呼吸灯，给人一种视觉体验，两侧左右各五个凹进去的设计，不仅可以方便使用者握紧，同时也给形成一种机甲的外观风格。

图 8.4　汽车应急启动电源上盖板

这里讲解一下工程塑胶的基本知识，以让读者更好地了解这种材料。

① 工程塑胶的基本概念：工程塑胶就是能替代金属的塑胶材料。工程用途的塑胶适用于结构及机器零件。工程塑胶的优点：加工性、质轻、绝缘、防锈，耐候性、耐老化及耐化学性等优秀。一般而言，工程塑胶耐温大于 100℃，高性能工程塑胶耐温大于 150℃。

② 工程塑胶的种类：PC、ABS、PC＋ABS、POM、NYLON、PMMA、PU、PP、PET、PTFE、PPS、PPI、PVC、PET、PBT、SAN、PS。

③ 工程塑胶的特性。工程塑胶特性如表 8.1 所示。

表 8.1　工程塑胶特性

特性	优点	缺点
结晶性	耐化学药品性	结晶收缩翘曲
	耐热性	吸水性
	流动性	耐冲击性
非结晶性	耐冲击性	耐化学药品性
	大多数具透明性	耐热性
	尺寸安定	流动性

④ 主要工程塑胶如表 8.2 所示。

表 8.2　主要工程塑胶

PP	聚丙烯
PC	聚碳酸酯

❶ 英寸（in）。1in＝25.4mm。

续表

ABS	丙烯腈-丁二烯-苯乙烯
PA	聚酰胺
POM	聚甲醛
PET	聚对苯二甲酸乙二醇酯
PMMA	聚甲基丙烯酸甲酯

如图 8.5 所示为上盖板部分的内部结构设计，本案例中它与下盖板的连接方式为卡扣式，在下盖板的上中下左右两侧共设计了九个卡扣位，这样设计的好处是更加方便后期的维护和维修工作。同时在需要固定电路板的位置设计了螺柱，结构薄弱的位置设计了加强筋，用以加强该位置的强度。

如图 8.6 所示为去掉上盖板后的内部结构，内部结构主要由以下几部分组成：锂离子电池组、LED 灯模组、电路板、汽车点火接口、充电呼吸灯、按键和防水胶塞等。即所有的内部结构部件都放置于下盖板之内，主要部件通过下盖板内设计的限位装置进行位置的固定，保证产品的牢固性和安全性。

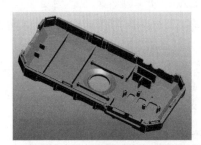
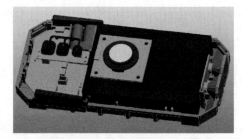

图 8.5　上盖板内部结构　　　　　图 8.6　内部结构

如图 8.7 所示为汽车应急启动电源的下盖板的外部结构部分，下盖板部分设计相比于上盖板相对简单，同样两侧各有五个凹进去的设计，这样就和上盖板部分形成了一一对应的设计风格，同时也方便使用者的抓握。

如图 8.8 所示为下盖板的内部结构部分，主要功能是固定汽车应急启动电源的内部主要部件，重点在电池组、电路板和汽车点火接口的固定位置，既要保证三者之间的适当距离，还要兼顾它们之间走线安全问题。

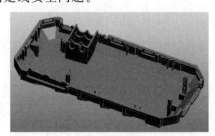

图 8.7　下盖板外部结构　　　　　图 8.8　下盖板内部结构

如图 8.9 所示为汽车应急启动电源的锂离子电池组，根据我们需要的总电压和总容量，通过不同的并联和串联方式进行实现。

这里我们再讲解一下锂离子电池的外观形态和 PACK 的工艺。

锂离子电池的外观形态通常有方形电芯（钢壳/铝壳电芯）、方形电芯（塑料壳电芯）、软包电芯和圆柱电芯四种。

如图 8.10 所示为方形的锂离子电池电芯，壳体采用铝合金、不锈钢等材料，结构强度高，承受机械载荷能力好，成组结构简单，系统能量密度相对较高。但如果采用钢架构，会导致电芯偏重，影响能量密度。且方形电芯的制作工艺比较复杂，良品率和一致性比不上圆柱形锂离子电池。方形电芯散热好，简单易设计，系统能量密度相对较高，且方便设置防爆阀，更加安全。

表 8.3 为一款塑料壳方形电芯的规格表。方形电芯（塑料壳电芯）如图 8.11所示。

图 8.9　锂离子电池组

图 8.10　方形电芯（钢壳/铝壳电芯）

图 8.11　方形电芯（塑料壳电芯）

表 8.3　塑料壳方形电芯的规格表

项目	规格	备注
型号	LFP-300AH	
标称容量/Ah	300	
标准电压/V	3.2	
质量/kg	(9.5±0.3)	
内阻/mΩ	≤0.4	AC 1kHz
循环寿命/次	≥1500	80%DOD

项目		规格	备注
自放电率/%		≤5	25℃,1个月
尺寸/mm	高度	380±1	
	宽度	360±1	
	厚度	53±0.5	
充电	标准电流/A	99	
	最大电流	1C(300A)	
	上限电压/V	3.65	
放电	截止电流/A	6	0.033C
	标准电流/A	99	
	最大电流	1C(300A)	3C
	截止电压/V	2.5	
运行环境	充电温度/℃	0~45	
	放电温度/℃	−20~55	
存储温度/℃		−10~45	
存储湿度		25%~85%RH	

塑料壳方形电芯尺寸规格如图 8.12 所示。

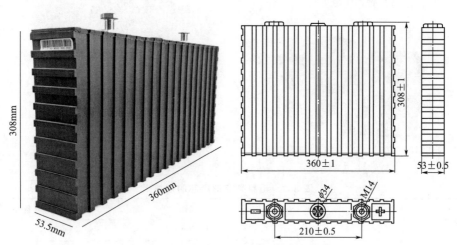

图 8.12　塑料壳方形电芯尺寸规格

软包电芯常用铝塑膜作为外壳,尺寸变化灵活,成本低,单电芯的能量密度比圆柱/方形电芯都要高。但是因为是软包,所以机械强度较弱,封口工艺较难,特别是成组困难,后期成组散热设计也复杂,防爆装置也很难加在电芯上。

对于工艺来说，软包的制作要求较高，且一致性较差，导致如果用作动力电池成组，制造成本也较高。实际软包电芯更适合未来的固态电池，因为成熟的固态电池拥有良好的热稳定性，不易燃也不易爆。软包电芯如图 8.13 所示。

现在软包电芯在国内很少作为汽车的动力电池，而更多应用在 3C 数码产品里面。因为一个手机一个软包电芯，不用考虑一致性的问题。而汽车动力电池的电芯要成组，一致性不高的电芯容易在长期使用中出现安全隐患。

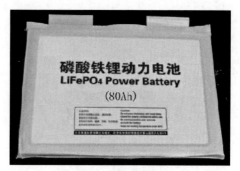

图 8.13　软包电芯

图 8.14　圆柱电芯

圆柱形锂离子电池拥有着最悠久的商业化历史和最大规模的商业运用，可以说各个领域都能见到它们的身影，所以圆柱形锂离子电池的工艺最为成熟，产品良品率最高，一致性也是最好的。圆柱电芯如图 8.14 所示。且因为其电池小、电池组的散热面积大，成组后的散热性能优于方形电池。但圆柱体锂离子电池的缺点也是因为电池小，所以成组的工艺复杂，相对的系统能量密度也赶不上同体积的方形电芯。另外因为电芯众多，动辄一个电池组就是几千个电芯，而 BMS 是要求对单电芯进行管理，所以对于 BMS 的算力、管理要求会更高。

圆柱体锂离子电池还有一个优点，就是内压承受力因为均匀分布的关系，可以比方形电池更能抗内压，这也是充放电容易产气的 NCA 采用了圆柱形电芯的原因之一，如果要是采用方形电芯的封装方式，很容易产生局部鼓胀变形，造成安全隐患。

圆柱体锂离子电池在摆放的时候，势必产生空隙，设计好的方形电芯成组的空间利用率可以达到 80% 以上，而 4680（圆柱体）＋CTC 的成组空间利用率大概只有 70%。

方形动力电芯成组如图 8.15 所示，软包动力电芯成组如图 8.16 所示，圆柱动力电芯成组如图 8.17 所示。

图 8.15　方形动力电芯成组　　　　　图 8.16　软包动力电芯成组

随着 PACK 工艺的不断发展，连接方式不断改进：从原来导线锡焊工艺到镍片锡焊工艺，从镍片锡焊工艺到镍片点焊（电阻焊）工艺，从镍片点焊（电阻焊）工艺到激光点焊工艺。

① 导线锡焊工艺：电芯、保护板通过导线锡焊连接，然后装配胶壳。

使用设备、工具：锡焊台。

缺点：易产生锡珠、脱焊，有安全隐患。导线锡焊如图 8.18 所示。

② 镍片锡焊工艺：电芯、保护板通过镍片锡焊连接，然后装配胶壳。

使用设备、工具：锡焊台。

缺点：易产生锡珠、脱焊，有安全隐患。镍片锡焊如图 8.19 所示。

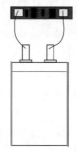
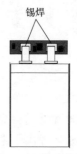

图 8.17　圆柱动力电芯成组　　图 8.18　导线锡焊　　图 8.19　镍片锡焊

③ 镍片点焊工艺：电芯、保护板通过镍片金属点焊连接，然后装配胶壳。

使用设备、工具：金属点焊机。

缺点：对产品设计及工艺要求较高。

优点：产品稳定、可靠，一致性好。镍片点焊如图 8.20 所示。

④ 激光点焊工艺：电芯、保护板通过镍片金属点焊连接，然后装配胶壳。

使用设备工具：激光焊接机。

缺点：对产品设计及工艺要求非常高。

优点：产品稳定、可靠，一致性好。激光点焊如图 8.21 所示。

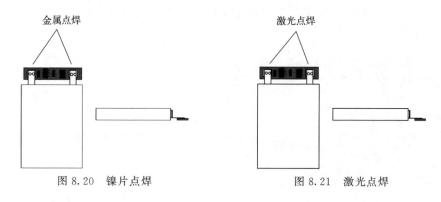

图 8.20　镍片点焊　　　　　　　　　图 8.21　激光点焊

安全注意：短路、挤压、高温、碰撞有可能导致电池发生爆炸。

电池短路是电池较为常见的一种故障，有外部短路和内部短路之分。二者之间的区别是：外部短路可能源于外部碰撞引起的变形、浸水、导体污染或维护期间的电击等。从锂离子电池的外部短路到热失控，中间的重要环节是温度过高。当外部短路产生的热量无法很好地散去时，锂离子电池温度才会上升，高温触发热失控。因此，切断短路电流或者散去多余热量都是抑制外部短路产生进一步危害的方法。正负极严禁接触短路如图 8.22 所示。

当电池被外部短路时，正负极之间瞬间的超大电流也会引起局部过热，从而导致某个电池单体发生漏液、爆裂、自燃，并引发连锁反应，导致更多的电池损毁。为了防止外部短路，电池组上会有很多安全设计，比如热管理系统、故障判别系统等。

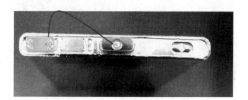

图 8.22　正负极严禁接触短路

内部短路即锂离子电池内部的正负极直接接触，接触的程度不同，引发的后续反应也差别很大。引起锂离子电池内部短路主要因素有：隔膜表面导电粉尘、正负极错位、极片毛刺和电解液分布不均等工艺因素，材料中金属杂质，低温充电、大电流充电、负极性能衰减过快导致负极表面析锂，振动或碰撞等，由机械和热量滥用引起的大规模内部短路。

内部短路若是在制造过程中发生，则需要几天甚至几个月才会发展成为自发的内部短路，其中的机制相当复杂，时间非常长，而且不知道什么时候会出现热失控。但其程度比较轻微，产生的热量很少，不会立即触发热失控温度。

因此电池内部的短路是不可控的，电池生产厂家的品控和良品率高低，直接影响到电池的质量。锂离子电池如果经常用快充模式充电，经过长期的使用后，电池内部的正负极之间会生成"锂枝晶"，这种物质从电池内部的正负极两端同时向中间生长，渐渐刺穿电池内部正负极之间的绝缘膜。当这层膜被损坏后，电池内部的正负极间发生短路，电流瞬间暴增，从而引起电池损毁，严重的会引起爆裂、漏液、自燃。

图 8.23　电芯加热

锂离子电池的电芯禁止在外部进行人为加热，因为这极容易使电芯内部温度急速过高、引起燃烧爆炸。电芯加热如图 8.23 所示。

锂离子电池电芯禁止使用刀或者坚硬的物体刮压，特别是软包电池，这样容易造成电池内部结构的损坏或短路发生，引起电池的燃烧爆炸。电芯刀片刮压如图 8.24 所示，剪刀剪电芯边缘如图 8.25 所示。

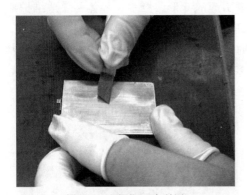

图 8.24　电芯刀片刮压

图 8.25　剪刀剪电芯边缘

同样，锂离子电池的电芯也不允许很多块电芯堆叠在一起，这样也会造成底部的电芯外部压力增大，可能会造成电芯内部电路的破坏、导致短路。电芯堆叠挤压放置如图 8.26 所示。

汽车应急启动电源的核心防护技术，采用的是新的 EC5 接口，除了正负极，还带有一个小小的电池温控导线接口。部分厂商采用了常规的 EC5 接口，只有正负极，温控部分做到了主机内部，是为了降低代工成本。而有的工厂选择将温控芯片设计在插头里，因此才设计出这种新型的 3PIN（3 针）接口，它与把温控芯片做在主机内部的并无本质区别。汽车点火接口如

图 8.26　电芯堆叠挤压放置

图 8.27 所示。

一个十分重要的功能是 EC5 转接头，它可以进一步扩展汽车应急启动电源的实用性，相当于在任何地方都拥有一个 12V 车载点烟器电源，极为方便，省得在车里取电，也大大减少了对电瓶的消耗。EC5 转接头如图 8.28 所示。

图 8.27　汽车点火接口

图 8.28　EC5 转接头

汽车点火接口的固定结构采用的是托举支撑式的结构设计，既保证结构的强度又可以实现结构设计的简洁化。下盖板固定汽车点火接口结构如图 8.29 所示。

如图 8.30 所示为汽车点火接口的防水塞，考虑到使用者可能会在不同的天气条件下在户外进行启动汽车的操作，特别是在野外下雨天里给汽车点火，为了保证产品使用的安全性，特别增加了 IP65 防护等级的结构设计，可以保证产品在户外雨天正常给汽车点火。

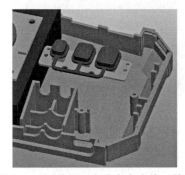

图 8.29　下盖板固定汽车点火接口结构

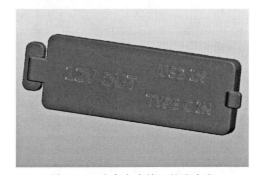

图 8.30　汽车点火接口的防水塞

如图 8.31 所示为汽车应急启动电源的电路板，主要功能为给电池充电及放电。放电即主要对汽车点火接口、USB 5V 2.4A、LED 照明灯等进行供电。

如图 8.32 所示为 LED 照明灯系统，主要由两部分组成，即 LED 灯板和二合一连体透镜。LED 灯板两侧刚好卡在设计好的两个竖直的凹槽内。

灯杯材料的设计和选择如下。

① 15°透镜参数如下：直径 36mm、高度 15.7mm、内口径 6.0mm、出光角度 15°、透光率 93%、单颗 1W LED 射灯专用的 15°透镜如图 8.33 所示。

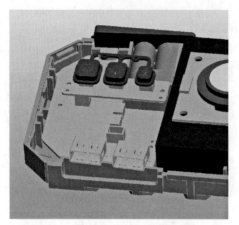
图 8.31　汽车应急启动电源电路板

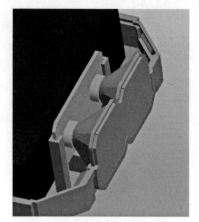
图 8.32　LED 灯照明系统

② 35°透镜参数如下：材质为亮面/棱面/磨砂面、耐温−30～＋90℃、非球面设计、透镜直径 43mm、高度 10.4mm、亮面 20°、棱面 35°、磨砂 45°、透光率可达 93％。35°透镜如图 8.34 所示，专用于 5×1W 射灯。

图 8.33　15°透镜

图 8.34　35°透镜

③ 2×1W LED 透镜参数如下：角度 15°、直径 ϕ20mm、高度 11.2mm、透镜材料为光学亚克力、支架材料为 PC 料、支架颜色为黑色或白色、最低温度和最高温度为−40℃/＋80℃。2×1W LED 透镜如图 8.35 所示。

如图 8.36 所示为 LED 灯板，主要由两颗 LED 光源组成，同时设计了用来通电的直流接线口。

如图 8.37 所示为二合一连体透镜，为何没有选择两个单体透镜呢？这是为了提高组装的生产效率，使透镜可以更加便捷地固定在透镜卡槽内，所以在设计时选择二合一连体透镜的设计方案。

如图 8.38 所示为 LED 灯板的固定卡槽位，上面讲到的二合一连体透镜刚好可以通过此结构两侧的两个卡槽将连体透镜牢牢地卡在中间，一般透镜与卡槽之间的间隙约 0.3mm。

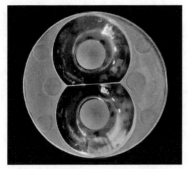

图 8.35　2×1W LED 透镜

图 8.36　LED 灯板

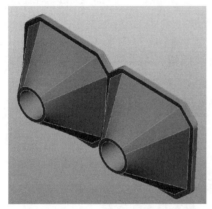

图 8.37　二合一连体透镜

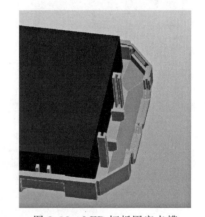

图 8.38　LED 灯板固定卡槽

如图 8.39 所示这款汽车应急启动电源一共设计了两个 USB 输出口，使用者随身携带的小型用电器都可以方便地进行充电，如手机、智能手表、蓝牙耳机等。

如图 8.40 所示为 USB 接口的防水塞，考虑到使用者可能会在不同的天气条件下在户外给携带的小型用电器进行充电，特别是在野外的下雨的天气里进行充电，为了保证产品使用的安全性，特别增加了 IP65 防护等级的结构设计，可以保证产品在户外雨天正常使用。

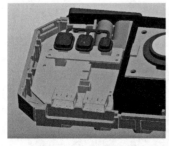

图 8.39　USB 输出口

图 8.40　USB 接口防水塞

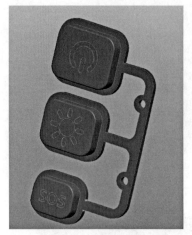

图 8.41 三合一按键
（电源键、灯光键、SOS 键）

如图 8.41 所示为汽车应急启动电源的按键，采用三合一的结构设计，包含了电源开关键、LED 灯开关键和 SOS 紧急呼救信号键。每个按键表面积比较小，单独生产组装的效率很低，如果把三个按键设计在一起，就增大了表面积，方便工人在组装时拿取，同时，在开模具时也可以实现一次出三个按键，不仅提高生产率，而且还降低了加工成本。

如图 8.42 所示为按键的电路板，上面的三个按钮与按键一一对应，按钮采用一种电路板按钮开关，按下时会接通电子电路。

如图 8.43 所示为充电时的呼吸灯，这个设计既可以给人一种科技感，也可以告诉使用者设备正在充电中。呼吸灯主要由三部分组成：呼吸灯的面罩、呼吸灯的面罩固定件和呼吸灯的电路板。

图 8.42 按键的电路板

如图 8.44 所示为呼吸灯的电路板，可以看到在电路板上设置了四颗小功率的 LED 灯，在设备充电时有一闪一暗的效果。

如图 8.45 所示为呼吸灯的面罩固定件，主要作用是连接面罩和电路板。

如图 8.46 所示为呼吸灯的面罩，主要作用是把电路板上的四颗 LED 灯光打散并均匀照射出去，给人一种柔和的照明效果。

（2）汽车应急启动电源案例二

如图 8.47 所示为汽车应急启动电源整体外观设计，整体设计是简约风格，整体的造型是长方体设计，在两边侧面设计了防滑凸点，使用者在拿取的时候可以握得更牢固。正面的正中心设有一个圆形的充电呼吸灯，与案例一

图 8.43 充电呼吸灯

类似，这里就不再赘述了。正面有三个功能按键，分别是灯光键、电源键和SOS 键。充电接口和汽车点火接口分别设计在产品的两侧，更加方便使用者操作。

图 8.44　呼吸灯的电路板

图 8.45　呼吸灯的面罩固定件

图 8.46　呼吸灯的面罩

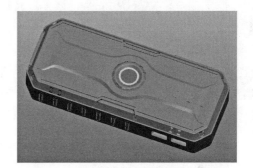

图 8.47　汽车应急启动电源整体外观设计

图 8.48 所示为这款汽车应急启动电源的上盖板部分，主要材料是塑胶件，具体优势与案例一相同，这里不再赘述了。

上盖板主要在外观设计上采用了曲线的设计思路，中间是一个充电时的圆形呼吸灯，给人一种不同视觉体验，三个功能按键依次分布在产品的一侧。

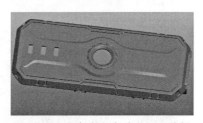

图 8.48　汽车应急启动电源上盖板

如图 8.49 所示为内部结构，内部结构主要由锂离子电池组、LED 灯模组、电路板、汽车点火接口、充电呼吸灯、按键和防水胶塞等组成。

如图 8.50 所示为下盖板的内部结构部分，主要功能是固定内部电池组、电路板和汽车点火接口的位置，同时在下盖板内四周设计了九个用于与上盖板进行卡扣的结构。

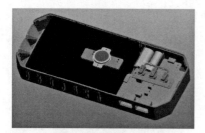

图 8.49　内部结构

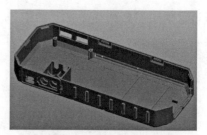

图 8.50　下盖板内部结构

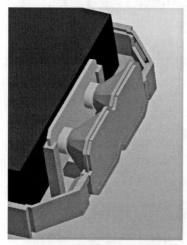

图 8.51　LED 照明系统

如图 8.51 所示为 LED 灯照明系统，主要由两部分组成，即 LED 灯板和二合一连体透镜。LED 灯板两侧通过下盖板上两个竖直的凹槽进行固定。

如图 8.52 所示为产品一侧的充电接口和汽车点火接口，充电接口共有两种：一个是 micro-usb 接口，另一个是 Type-C 接口。

如图 8.53 所示为汽车点火接口的固定结构，本案例依然采用托举支撑式的结构设计，在保证结构的强度的同时又可以实现结构设计的简洁化。

如图 8.54 所示这款汽车应急启动电源同样设计了两个 USB 输出口，使用者随身携带的小型用电器都可以方便地进行充电，如手机，智能手表等。

图 8.52　充电接口和汽车点火接口

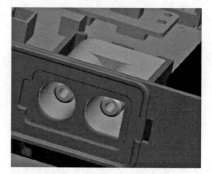

图 8.53　汽车点火接口结构

如图 8.55 所示为汽车应急启动电源的按键，采用三合一的结构设计，包含了电源开关键、LED 灯开关键和 SOS 紧急呼救信号键。该设计与案例一相似，只是三个按键的功能和位置有所不同。

图 8.54　USB 输出口

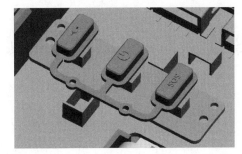

图 8.55　按键（灯光键，电源键，SOS 键）

8.2.2　结构设计技巧

产品结构设计是产品开发过程中非常重要的一个环节，直接关系到产品性能、质量和可靠性等方面。如何做好产品结构设计，是每一个设计师都要认真思考的问题。

① 充分了解产品需求和目标用户。在进行产品结构设计之前，我们需要充分了解产品的需求和目标用户。包括产品所属行业、功能需求、目标市场、用户使用场景等方面。只有全面了解产品的相关信息，才能在设计中充分考虑用户需求，确保产品结构设计的合理性。

② 多角度思考产品结构设计。优秀的产品结构设计需要设计师从多个角度考虑，包括结构合理性、产品形态、材料、加工工艺、性能等多个方面。在设计过程中，需要精细化设计，根据产品的不同部位或不同功能，对结构进行合理的划分。

③ 技术和创新并重。在产品结构设计中，需要兼顾技术和创新的平衡。技术创新能够提高产品的性能和质量，而创意则能够提高产品的竞争力和市场占有率。设计师需要具备创新意识和技术能力，通过巧妙的结构设计，创造出更有竞争力的产品。

④ 应用工具支持设计过程。现代产品结构设计需要应用工具来辅助设计，例如 Pro/E、AutoCAD、3D 打印、建模软件等。这些工具能够有效地支持产品的结构设计和验证功能，帮助设计师更快地完成产品结构设计。

⑤ 完善的测试和验证过程。在产品结构设计完成之后，需要进行验证和测试，包括强度测试、模拟测试等。这些测试能够保证产品结构设计的合理性和稳定性，减少生产成本，提高产品的质量和可靠性。

以上是一些关于如何做好产品结构设计的经验和技巧，希望对读者有所启发和帮助。在实际的产品开发中，我们需要根据产品的需求和具体情况，进行个性化的设计和优化。同时不断学习和探索创新的设计方法，提高自己的设计能力和水平。

8.3　汽车应急启动电源电路设计

ME2215 是一款工作于连续模式的电感降压转换器，可以使用比 LED 电压高的电源来驱动一个或数个串联的 LED。该电路为恒流电源，如果厂家为了节省成本会直接用电阻和 LED 灯串联使用，但是缺点是会有一部分功耗都消耗在电阻上面，恒流驱动电源相较于恒压驱动来说能最大程度提高发光效率，意思是在同等功率的情况下，恒流驱动电源发出的光更亮。LED 驱动电路如图 8.56 所示。

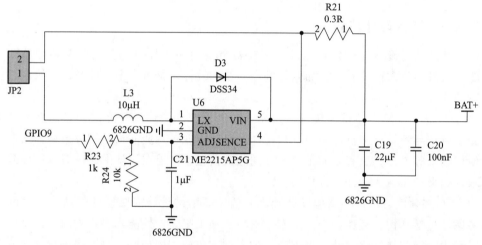

图 8.56　LED 驱动电路

IP3265 是一款低功耗电池组保护器，用于 4～5 节串联锂离子/聚合物可充电电池的初级保护的解决方案。该产品集成了聚合物可充电电池安全运行所需的一整套的电压、电流、温度检测和保护功能。带被动均衡功能的 BMS 电路如图 8.57 所示。

电池管理芯片有很多种，常规的都是用作简单的充放电截止功能，如果电流过大，就会考虑外挂 MOS 管做充放的驱动，而且如果电池的一致性比较低或者电池内阻不一致，时间长了电池的电量就会不同，从而产生木桶效应。所以在容量较大的 BMS 系统里面会出现均衡功能。被动均衡是比较常用的功能，目的是让电池的电量保持一致。

IP6826 是一款无线充电发射端控制 SoC 芯片，兼容 WPC Qi v1.2.4 最新标准，支持 A11、A11a、MP-A2 线圈，支持 5W、苹果 7.5W、三星 10W、15W 充电。IP6826 通过 analog ping 检测到无线接收器，并建立与接收端之间的通信，开始功率传输。IP6826 解码从接收器发送的通信数据包，然后用 PID 算法来改变振荡频率从而调整线圈上的输出功率。无线充电源及驱动电路如图 8.58 所示。

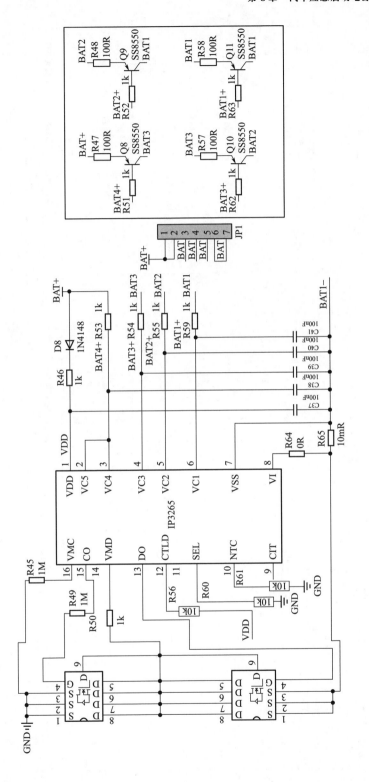

图 8.57　带被动均衡功能的 BMS 电路

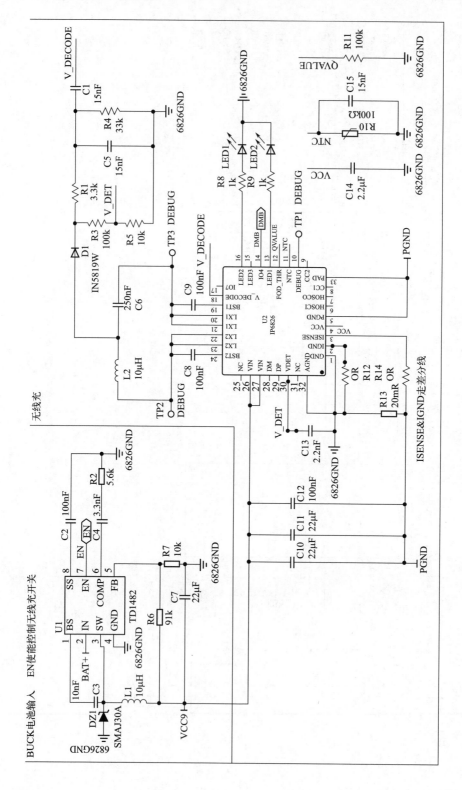

图 8.58 无线充电源及驱动电路

IP6826 有两种接入方法：一种是利用通信协议，通过 PD、QC 等协议给芯片供电；第二种是以恒压的形式供电。主控芯片是支持多路协议输出的，但是有个弊端，就是当其他口和无线充一起使用的时候，由于电压是由同一路母线输出的，所以为了避免造成麻烦，芯片会把所有的输出口电压降为 5V 输出。为了避免这个现象出现，所以选择第二种供电方法。

8.4　产品性能测试

如图 8.59 所示为汽车应急启动电源进行 USB 输出口快充负载测试。

如图 8.60 所示为汽车应急启动电源进行 USB 输出口测试。

图 8.59　快充电源负载测试

图 8.60　输出口测试

如图 8.61 所示为汽车应急启动电源输出接口通过可编程直流电子负载测试仪进行测试。

图 8.61　可编程直流电子负载测试

如图 8.62 所示为汽车应急启动电源进行恒温恒湿性能测试前的准备。

图 8.62　恒温恒湿测试前准备

下面是对三台汽车应急启动电源的性能对比。

其实根本不需要实际启动车辆，就能看出它们的性能差异，因为启动车辆主要看的就是启动电流、峰值电流、电池总量以及电芯的串联方式这四项。电流越高，启动的成功率越高、可启动的排量越大。电量越大，可启动的次数就越多。而电芯数越多，说明释放的电流就越大。在通电的瞬间，四块串联电芯释放的电流肯定大于三块电芯。PS01 和 ES400 都是三块电芯，CRJS03 是四块电芯，这就是在体积大小的相似的情况下，CRJS03 的启动电流和峰值电流更高的原因。

汽车应急启动电源的性能对比如表 8.4 所示，汽车应急启动电源的安全防护对比如表 8.5 所示，汽车应急启动电源的参数对比如表 8.6 所示。

表 8.4　汽车应急启动电源的性能对比

性能	PS01	ES400	CRJS03
电池种类	高倍率锂聚合物	高倍率锂聚合物	高倍率锂聚合物
电池容量	11100mAh/3.7V/41.07Wh	11100mAh/3.7V/41.07Wh	12000mAh/3.7V/44.4Wh
电芯数量	3 块串联	3 块串联	4 块串联
启动电流	250A	250A	600A
峰值电流	600A	600A	1000A
试用车辆	12V/4.0L 排量汽油 12V/2.0L 排量柴油	12V/4.0L 排量汽油 12V/2.0L 排量柴油	12V/6.0L 排量汽油 12V/3.5L 排量柴油
工作温度	−20～60℃	−20～55℃	−20～60℃

表 8.5　汽车应急启动电源的安全防护对比

型号	PS01	ES400	CRJS03
防护功能	AI 软件保护/短路保护/温度保护/过充保护/过放保护/防反接/过压保护/过流保护	电池 IC 保护芯片/短路保护/温度保护/过充保护/过放保护/防反接/过压保护/过流保护/连续打火 4 次自动断电	电池 IC 保护芯片/短路保护/温度保护/过充保护/过放保护/防反接/过压保护/过流保护

型号	PS01	ES400	CRJS03
安全认证	欧盟安全合格认证	美国电子产品安全认证/ 欧盟安全合格认证/ROHS	美国电子产品安全认证/ 欧盟安全合格认证/ROHS
售后服务	一年	一年	一年

表 8.6　汽车应急启动电源参数对比

参数	PS01	ES400	CRJS03
待机功耗	超低功耗待机	超低功耗待机	超低功耗待机
输入/接口	5V 2A/Type-C	5V 2A/micro-USB	5V 3A/Type-C
输出/接口	5V 2.4A/USB-A	5V 2.4A/USB-A	5V 3A/Type-C
充满电耗时	≤5.5h	≤7h	≤4h
灯光功能	单 LED 聚光灯 常亮/SOS/白色警示	4LED 柔光灯 常亮/SOS/红色警示	双 LED 聚光灯 常亮/SOS/白色警示
尺寸	163mm×87mm×27mm	173mm×90mm×32mm	163mm×83mm×36.5mm
质量	414g	460g	470g
数显屏幕	无(四挡电量指示灯)	有(百分比电量)	有(百分比电量)

8.5　检测及认证

　　随着汽车应急启动电源的日渐普及,市面上出现了各种款式的汽车应急启动电源,据不完全统计,市面上很多的产品并不能在应急条件下满足汽车启动的需要,甚至有一部分应急启动电源被拿去用作移动电源使用而损坏不少移动终端设备,尤其是手机和平板电脑等。

　　那么,怎样的汽车应急启动电源是安全的呢?当然是符合各个国家地区相关规定与标准的产品才算是安全的产品。早期汽车应急启动电源产品的标准来自美国的 UL2743 标准,早在 2014 年就已经出台,它适用于内置电池并有一个或多个输入输出口,可提供汽车紧急启动的各种移动电源产品以及其他移动式储能电站等产品。

8.5.1　汽车应急启动电源的检测

　　一款安全的汽车应急启动电源产品的安全性,首先取决于它自身关键零部件的安全性,特别是在设计产品以及选择供应链时,如果充分考虑关键零部件的安全性,表面看起来会增加产品的研发以及生产成本,实际上对于要求生产安全可靠产品的企业来说,这意味着少走弯路,降低产品的研发费用、研发周期,开发成本自然会大大降低,市场风险得到控制,可以更快更好地抢占先机,赢取市场。

8.5.2　汽车应急启动电源的认证

汽车应急启动电源的安全标准 UL2743 的检测项目：

① 正常充电操作测试。

② 锂充电系统包含滥用过充测试和异常充电测试。

③ 电源容量充放电测试。

④ 绝缘泄漏电测试。

⑤ 正常温度测试。

⑥ 耐压测试。

⑦ 异常操作测试。

⑧ 振动试验。

⑨ 过载试验。

⑩ 外壳强力测试。

8.6　汽车应急启动电源应用案例

相信大多数车主都遇到过汽车抛锚的情况，这往往是由于汽车电瓶损耗问题引起，即电瓶性能下降、无法启动车辆。

对于此类情况，各厂商也纷纷推出汽车应急启动电源产品，帮助汽车进行打火启动。

图 8.63　汽车应急启动电源产品

（1）汽车应急启动电源应用案例

"汽车应急启动电源 1200A"拥有 1200A 峰值启动电流、多 USB-A 端口以及 LED 强光灯等，可为车主解决燃眉之急。汽车应急启动电源产品如图 8.63 所示。

名称：汽车应急启动电源 1200A。

电芯容量：12000mAh/44.4Wh。

额定输出容量：7200mAh（5V/3A）。

输入：Type-C　5V 3A，9V 2A。

输出：USB-A1　5V 3A，USB-A2　5V 3A。

启动电压：12VDC。

启动电流：600A。

峰值电流：1200A。

汽车应急启动电源正面板采用流线设计，表面金属喷漆处理，耐氧化耐腐蚀，高端大气；左上角配置了 LED 电量数字显示屏，右下角为"1200A"峰值电流字样。

LED 数显屏区域为光滑亮面设计，左侧电源开关按钮内部拥有橙黄色环形指示灯，右侧区域内可显示电量百分比，使用者可以实时掌握剩余电量状态。LED 数显屏如图 8.64 所示。

图 8.64　LED 数显屏

汽车应急启动电源的接口位于侧面板，从左到右分别为 LED 强光灯、1×Type-C、2×USB-A 和橡胶防尘盖保护的 EC5 插口，端口处均印有相关标识字样。汽车应急启动电源接口如图 8.65 所示。

LED 强光灯可长按电源键开启/关闭，拥有照明、爆闪等多种发光模式，遇上车辆故障被困时，也能进行提示求援。LED 强光灯如图 8.66 所示。

图 8.65　汽车应急启动电源接口

图 8.66　LED 强光灯

防尘盖内为 EC5 插口，内部为全铜材质制作的针脚，拥有高导电性。EC5 插口如图 8.67 所示。

智能点火夹采用一体式设计，头部为汽车造型设计，尾部为正负极夹具，与普通电瓶夹具一致。智能点火夹如图 8.68 所示。

图 8.67　EC5 插口

图 8.68　智能点火夹

充电线材为 A to C 类型，外观与常规线材一致。充电线如图 8.69 所示。

① 汽车应急启动电源充电实测。通过 POWER-Z KM003C 测试仪测试 USB-A

端口，实测支持 DCP、Apple 2.4A 等充电协议。测试仪测试如图 8.70 所示。

图 8.69　充电线

图 8.70　测试仪测试

通过苹果 35W 充电器连接 Type-C 端口为汽车应急启动电源供电，实测充电器端输出功率为 5.1V、2.92A、14.86W。充电测试如图 8.71 所示。

② 充电兼容性测试。通过兼容性测试环节可以得知这款 1200A 汽车应急启动电源的各个接口为各个设备的充电情况。这里使用多款设备进行测试，以为读者呈现最真实的测试数据。

将 OPPO Find X6 连接这款 1200A 汽车应急启动电源 A 口，使用 POWER-Z KM003C 测试仪读取功率为 4.9V、1.92A、9.4W，如图 8.72 所示。

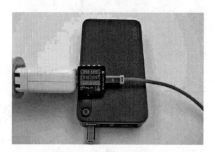

图 8.71　充电测试

图 8.72　输出给手机充电测试（一）

将手机连接这款 1200A 汽车应急启动电源 A 口，使用 POWER-Z KM003C 测试仪读取功率为 4.9V、1.89A、9.27W，如图 8.73 所示。

③ 双口同时输出测试。双口同时输出时，USB-A1 输出功率为 8.6W，USB-A2 输出功率 7.31W。双口输出测试如图 8.74 所示。

④ 使用体验。汽车应急启动电源适用于汽车抛锚等情况，可为 12V/6.0L 排量汽油车、12V/2.5L 排量柴油车打火，但并不能用于 24V 汽车启动。下面将进行模拟启动测试。模拟启动测试如图 8.75 所示。

图 8.73　输出给手机充电测试（二）

图 8.74　双口输出测试

图 8.75　模拟启动测试

首先打开车辆引擎盖，找到车辆电瓶的位置。

然后将智能点火夹插入汽车应急启动电源 EC5 接口处。汽车应急启动电源 EC5 接口如图 8.76 所示。

此时智能夹红绿灯光交替闪烁。为确保点火效果，确认汽车应急启动电源的电量在 50％以上。智能夹完成插入如图 8.77 所示。

图 8.76　汽车应急启动电源 EC5 接口

图 8.77　智能夹完成插入

将智能夹正负极对应夹到汽车电瓶的正负极，切勿混乱，谨防损坏汽车电瓶及电源。智能夹正负极对应电瓶正负极如图 8.78 所示。

正确操作连接后，回到车内启动汽车，启动汽车后取下汽车应急启动电源即可。完成点火操作如图 8.79 所示。

图 8.78　智能夹正负极对应电瓶正负极

图 8.79　完成点火操作

⑤ 总结。这款汽车应急启动电源在外观设计方面简约大气，规则的长方体造型也更易于在车辆内进行收纳；最高可支持1200A启动电流，可为12V/6.0L排量汽油车、12V/2.5L排量柴油车打火。

从实际使用上来看，这款1200A汽车应急启动电源可为12V车辆进行应急启动，此外，还拥有零伏秒启功能，但需电量达75%以上；同时，汽车应急启动电源可随身携带登上飞机，出行更加便利。

(2) 汽车应急启动电源正确使用方法

汽车的电瓶如果出现没电的情况，驾驶车辆时就会出现启动困难的问题，这时就需要使用汽车应急启动电源对电瓶进行充电。那么汽车应急启动电源正确使用方法是什么？

图8.80　汽车应急启动电源点火

① 当电瓶没电时，就需要使用汽车应急启动电源及时为电瓶充电。充电时需要将导航、空调以及所有耗电设备全部关闭，然后再清理一下汽车电源接头上的灰尘，启动时，电源会显示三格以上。汽车应急启动电源点火如图8.80所示。

② 将汽车应急启动电源的红色夹子，夹在汽车电源的正极上，然后将黑色夹子，夹在汽车电源的负极上。需要注意的是夹住之后，30s内就应该启动汽车，然后立即将电池夹拔出，取下汽车应急启动电源。

③ 启动之后，每分钟必须以1500r以上的速度为电池充电，才能够让电瓶接收电的情况更快一些。

启动车辆准备上路时，如果电瓶没电，那么会出现很大的麻烦，在使用汽车应急启动电源充电之后，需要将车开到维修厂，检查电瓶没电的原因，避免下次出现同样的故障。

(3) 常见问题答疑

① 完全充电一次可以连续给车辆启动几次？

我们在汽车应急启动电源充满电后，分别用它给三种排量的车型（1.3L、1.6L、2.4L）进行了启动操作，一共启动了10次，在没有再次充电的情况下还剩下一半的电量。相关的资料也显示，对于1.0～4.0L之间这样的大众排量车型来说，充满电后可以启动车辆10～15次。

② 对于发动机有限制吗？

对于4.0L以下（或者是8气缸以下）的发动机来说，这种产品基本上都是可以的，但发动机排量越大气缸数越多，启动时需要的动能就越大，需要的启动瞬时电流也会越大，使用之前尽量确定产品是否能支持相应的电流。

③ 相对传统搭电线的优势是什么？

如果是手动挡车型，可以用比较原始的推车方法解决，而自动挡车型则只能搭电救援，如果这时找不到第二辆车协助，就可以使用汽车应急启动电源启动。

④ 需要注意的细节有哪些？

由于高温导致充电宝爆炸的案例不在少数，在使用过程中一定要注意细节，比如夏天尽量不要将这个工具存放在车内，可以收在书包、工具包等干的地方，需要时拿出来用一下，否则就成了定时炸弹，而在其他不是很炎热的季节也尽量存放在干燥阴凉处。

8.7　主要工程塑胶介绍

（1）PP（百折胶）

① 性能：

- 密度：$0.9g/cm^3$。
- 吸水率：不吸水。
- 低温性能：低温呈脆性。
- 缩水率：$10\text{‰}\sim25\text{‰}$。
- 耐热、耐酸碱性能强。
- 价格低。
- 半结晶性材料。
- 不存在环境应力开裂问题。

② 应用：

一般结构零件。

耐腐蚀化工设备。

受热电气绝缘零件。

低档次产品外壳。

③ 典型应用范围：

汽车工业（主要使用含金属添加剂的 PP，如挡泥板、通风管、风扇等）、器械（洗碗机门衬垫、干燥机通风管、洗衣机框架及机盖、冰箱门衬垫等）、日用消费品（草坪和园艺设备，如剪草机和喷水器等）。

④ 注塑模工艺条件：

- 干燥处理：如果储存适当则不需要干燥处理。
- 熔化温度：$220\sim275℃$，注意不要超过 $275℃$。
- 模具温度：$40\sim80℃$，建议使用 $50℃$。结晶程度主要由模具温度决定。
- 注射压力：可达到 1800bar（1bar＝100kPa，下同）。
- 注射速度：通常使用高速注塑可以使内部压力减小到最小。如果制品表面出现了缺陷，那么应使用较高温度下的低速注塑。

· 流道和浇口：对于冷流道，典型的流道直径范围是 4～7mm。建议使用通体为圆形的注入口和流道。所有类型的浇口都可以使用。典型的浇口直径范围是 1～1.5mm，但也可以使用小到 0.7mm 的浇口。对于边缘浇口，最小的浇口深度应为壁厚的一半；最小的浇口宽度应至少为壁厚的 2 倍。PP 材料完全可以使用热流道系统。

⑤ 化学和物理特性：PP 是一种半结晶性材料。它比 PE 要更坚硬并且有更高的熔点。

由于均聚物型的 PP 温度高于 0℃以上时非常脆，因此许多商业的 PP 材料是加入 1%～4%乙烯的无规则共聚物或更高比率乙烯含量的钳段式共聚物。共聚物型的 PP 材料有较低的热扭曲温度（100℃）、低透明度、低光泽度、低刚性，但是又有更强的抗冲击强度。PP 的强度随着乙烯含量的增加而增大。

PP 的维卡软化温度为 150℃。由于结晶度较高，这种材料的表面刚度和抗划痕特性很好。

PP 不存在环境应力开裂问题。通常，采用加入玻璃纤维、金属添加剂或热塑橡胶的方法对 PP 进行改性。PP 的流动率 MFR 范围为 1～40。低 MFR 的 PP 材料抗冲击特性较好，但延展强度较低。对于相同 MFR 的材料，共聚物型的强度比均聚物型的要高。

由于结晶，PP 的收缩率相当高，一般为 1.8%～2.5%。并且收缩率的方向均匀性比 PE-HD 等材料要好得多。加入 30%的玻璃添加剂可以使收缩率降到 0.7%。

均聚物型和共聚物型的 PP 材料都具有优良的抗吸湿性、抗酸碱腐蚀性、抗溶解性。然而，它对芳香烃（如苯）溶剂、氯化烃（四氯化碳）溶剂等没有抵抗力。

PP 也不像 PE 那样在高温下仍具有抗氧化性。

(2) PC（不碎胶）

① 性能：

· 密度：$1.18g/cm^3$。

· 吸水率：2‰～3‰。

· 透光性好。

· 冲击韧度及抗蠕变性能突出。

· 缩水率：6‰。

· 成型尺寸稳定性好。

· 耐磨性能与尼龙相当。

· 耐热、耐酸碱性能强。

· 价格高。

② 应用：

- 透明件。
- 传动零件。
- 轴承。
- 齿轮。
- 叶片泵。
- 汽车仪表。
- 高档产品外壳。

③ 典型应用范围：

电气和商业设备（计算机组件、连接器等）、器具（食品加工机、电冰箱抽屉等）、交通运输行业（车辆的前后灯、仪表板等）。

④ 注塑模工艺条件：

- 干燥处理：PC 材料具有吸湿性，加工前的干燥很重要。建议干燥条件为 100℃到 200℃，3~4h。加工前的湿度必须小于 0.02％。
- 熔化温度：260~340℃。
- 模具温度：70~120℃。
- 注射压力：尽可能地使用高注射压力。
- 注射速度：对于较小的浇口使用低速注射，对其他类型的浇口使用高速注射。

⑤ 化学和物理特性：PC 是一种非晶体工程材料，具有特别好的抗冲击强度、热稳定性、光泽度、抑制细菌特性、阻燃特性以及抗污染性。PC 的缺口伊佐德冲击强度非常高，并且收缩率很低，一般为 0.1％~0.2％。

PC 有很好的机械特性，但流动特性较差，因此这种材料的注塑过程较困难。在选用 PC 材料时，要以产品的最终期望为基准。如果塑件要求有较高的抗冲击性，那么就使用低流动率的 PC 材料；反之，可以使用高流动率的 PC 材料，这样可以优化注塑过程。

（3）ABS（超不碎胶）

① 性能：

- 良好的综合性能。
- 密度 $1.03g/cm^3$。
- 吸水率：2‰~2.5‰。
- 高的冲击强度。
- 缩水率：6‰。
- 成型尺寸稳定性好。
- 耐热，耐油性能优良。
- 表面可以电镀金属。
- 电性能良好。

• 价格较低。

② 应用：

• 一般结构零件。

• 电镀零件。

• 耐腐蚀件。

• 中档产品外壳。

③ 典型应用范围：

汽车（仪表板、工具舱门、车轮盖、反光镜盒等）、电冰箱、大强度工具（头发烘干机、搅拌器、食品加工机、割草机等）、电话机壳体、打字机键盘、娱乐用车辆（如高尔夫球手推车以及喷气式雪橇车等）。

④ 注塑模工艺条件：

• 干燥处理：ABS 材料具有吸湿性，要求在加工之前进行干燥处理。建议干燥条件为 80～90℃下最少干燥 2h。材料湿度应保证小于 0.1％。

• 熔化温度：210～280℃。建议温度：245℃。

• 模具温度：25～70℃（模具温度将影响塑件光洁度，温度较低则导致光洁度较低）。

• 注射压力：500～1000bar。

• 注射速度：中高速度。

化学和物理特性：ABS 是由丙烯腈、丁二烯和苯乙烯三种化学单体合成。每种单体都具有不同特性：丙烯腈有高强度、热稳定性及化学稳定性；丁二烯具有坚韧性、抗冲击特性；苯乙烯具有易加工、高光洁度及高强度的特点。从形态上看，ABS 是非结晶性材料。三种单体的聚合产生了具有两相的三元共聚物，一个是苯乙烯-丙烯腈的连续相，另一个是聚丁二烯橡胶分散相。ABS 的特性主要取决于三种单体的比率以及两相中的分子结构。这就可以在产品设计上具有很大的灵活性，并且由此产生了上百种不同品质的 ABS 材料。这些不同品质的材料提供了不同的特性，例如从中等到高等的抗冲击性，从低到高的光洁度和高温扭曲特性等。

ABS 材料具有超强的易加工性、外观特性、低蠕变性和优异的尺寸稳定性以及很高的抗冲击强度。

(4) PA（尼龙）

① 性能：

• 密度：1.04～1.15g/cm^3。

• 吸水率高。

• 疲劳强度和刚性较高。

• 弹性好，自润性好。

• 缩水率：4‰～15‰。

- 耐热、耐摩擦性能强。
- 尺寸不稳定。
- 价格高。

② 应用：

- 一般结构零件。
- 耐摩擦零件。
- 弹性零件。
- 无润滑或少润滑工作条件下耐磨零件。
- 齿轮，扣具。

③ 典型应用范围：

由于其具有很好的机械强度和刚度，被广泛用于结构部件。由于有很好的耐磨损特性，还被用于制造轴承。

④ 注塑模工艺条件：

- 干燥处理：由于 PA6 很容易吸收水分，因此加工前的干燥特别要注意。如果材料是用防水材料包装供应的，则容器应保持密闭。如果湿度大于 0.2%，建议在 80℃以上的热空气中干燥 16h。如果材料已经在空气中暴露超过 8h，建议进行 105℃、8h 以上的真空烘干。
- 熔化温度：230～280℃，对于增强品种为 250～280℃。
- 模具温度：80～90℃。模具温度很显著地影响结晶度，而结晶度又影响着塑件的机械特性。对于结构部件来说结晶度很重要，因此建议模具温度为 80～90℃。对于薄壁的、流程较长的塑件也建议使用较高的模具温度。增大模具温度可以提高塑件的强度和刚度，但却降低了韧性。如果壁厚大于 3mm，建议使用 20～40℃的低温模具。对于玻璃增强材料模具温度应大于 80℃。
- 注射压力：一般在 750～1250bar 之间（取决于材料和产品设计）。
- 注射速度：高速（对增强型材料要稍微降低）。
- 流道和浇口：由于 PA6 的凝固时间很短，因此浇口的位置非常重要。浇口孔径不要小于 0.5t（这里 t 为塑件厚度）。如果使用热流道，浇口尺寸应比使用常规流道小一些，因为热流道能够帮助阻止材料过早凝固。如果用潜入式浇口，浇口的最小直径应当是 0.75mm。

⑤ 化学和物理特性：PA6 的化学物理特性和 PA66 很相似，然而它的熔点较低，而且工艺温度范围很宽。它的抗冲击性和抗溶解性比 PA66 要好，但吸湿性也更强。因为塑件的许多品质特性都要受到吸湿性的影响，因此使用 PA6 设计产品时要充分考虑到这一点。为了提高 PA6 的机械特性，经常加入各种各样的改性剂。玻璃就是最常见的添加剂，有时为了提高抗冲击性还加入合成橡胶，如 EPDM 和 SBR 等。

对于没有添加剂的产品，PA6 的收缩率在 1%～1.5%之间。加入玻璃纤维添加剂可以使收缩率降低到 0.3％（但和流程相垂直的方向还要稍高一些）。成型组装的收缩率主要受材料结晶度和吸湿性影响。实际的收缩率还和塑件设计、壁厚及其他工艺参数成函数关系。

（5）PA12 聚酰胺 12 或尼龙 12

① 典型应用范围：

水量表和其他商业设备，如电缆套、机械凸轮、滑动机构以及轴承等。

② 注塑模工艺条件：

• 干燥处理：加工之前应保证湿度在 0.1％以下。如果材料是暴露在空气中储存，建议要在 85℃热空气中干燥 4～5h。如果材料是在密闭容器中储存，那么经过 3h 温度平衡即可直接使用。

• 熔化温度：240～300℃；对于普通特性材料不要超过 310℃，对于有阻燃特性材料不要超过 270℃。

• 模具温度：对于未增强型材料为 30～40℃，对于薄壁或大面积组件为 80～90℃，对于增强型材料为 90～100℃。增加温度将增加材料的结晶度。精确地控制模具温度对 PA12 来说是很重要的。

• 注射压力：最大可到 1000bar（建议使用低保压压力和高熔化温度）。

• 注射速度：高速（对于有玻璃添加剂的材料更好些）。

• 流道和浇口：对于未加添加剂的材料，由于材料黏性较低，流道直径应在 30mm 左右。对于增强型材料要求 5～8mm 的大流道直径。流道形状应当全部为圆形。注入口应尽可能短。可以使用多种形式的浇口。大型塑件不要使用小浇口，这是为了避免对塑件过高的压力或过大的收缩率。浇口厚度最好和塑件厚度相等。如果使用潜入式浇口，建议最小的直径为 0.8mm。

热流道模具很有效，但是要求温度控制很精确，以防止材料在喷嘴处渗漏或凝固。如果使用热流道，浇口尺寸应当比冷流道要小一些。

③ 化学和物理特性：

PA12 是从丁二烯线性、半结晶-结晶热塑性材料。它的特性和 PA11 相似，但晶体结构不同。

PA12 是很好的电气绝缘体，并且和其他聚酰胺一样，不会因潮湿影响绝缘性能。它有很好的抗冲击性及化学稳定性。PA12 有许多在塑化特性和增强特性方面的改良品种。

和 PA6 及 PA66 相比，这些材料有较低的熔点和密度，具有非常高的回潮率。PA12 对强氧化性酸无抵抗能力。

PA12 的黏性主要取决于湿度、温度和储藏时间。它的流动性很好。收缩率在 0.5％到 2％之间，这主要取决于材料品种、壁厚及其他工艺条件。

（6）PET

① 性能：

- 密度：$1.3 \sim 1.6 g/cm^3$。
- 吸水性小。
- 疲劳强度和刚性较高。
- 冲击韧度及抗蠕变性能好。
- 缩水率：2‰。
- 耐有机溶剂、油、弱酸。
- 价格中。
- 热水中会受侵蚀。

② 应用：

- 吹塑件。
- 耐温零件（＋GF）。
- 耐冲击零件。
- 外壳。

③ 典型应用范围：

汽车工业（结构器件，如反光镜盒、电气部件如车头灯反光镜等）、电气组件（电机壳体、电气联结器、继电器、开关、微波炉内部器件等）、工业应用（泵壳体、手工器械等）。

④ 注塑模工艺条件：

- 干燥处理：加工前的干燥处理是必须的，因为 PET 的吸湿性较强。建议进行 $120 \sim 165℃$、4h 的干燥处理。要求湿度应小于 0.02%。
- 熔化温度：对于非填充类型为 $265 \sim 280℃$；对于玻璃填充类型为 $275 \sim 290℃$。
- 模具温度：$80 \sim 120℃$。
- 注射压力：$300 \sim 1300 bar$。
- 注射速度：在不导致脆化的前提下可使用较高的注射速度。
- 流道和浇口：可以使用所有常规类型的浇口。浇口尺寸应当为塑件厚度的 $50\% \sim 100\%$。

⑤ 化学和物理特性：

PET 的玻璃化转化温度在 $165℃$ 左右，材料结晶温度范围是 $120 \sim 220℃$。PET 在高温下有很强的吸湿性。对于玻璃纤维增强型的 PET 材料来说，在高温下还非常容易发生弯曲形变。可以通过添加结晶增强剂来提高材料的结晶程度。用 PET 加工的透明制品具有光泽度和热扭曲温度。可以向 PET 中添加云母等特殊添加剂使弯曲变形减小到最小。如果使用较低的模具温度，那么使用非填充的PET 材料也可获得透明制品。

（7）PMMA（有机玻璃）

① 性能：

- 密度：$1.19 g/cm^3$。

- 透明性优。
- 硬度高，表面光泽度优。
- 耐水、盐、弱酸。
- 缩水率：3‰～4‰。
- 100℃有变形。
- 价格高。

② 应用：

- 光学零件。
- 透明件。
- 医药零件。
- 外罩。

③ 典型应用范围：

汽车工业（信号灯设备、仪表盘等）、医药行业（储血容器等）、工业应用（影碟、灯光散射器）、日用消费品（饮料杯、文具等）。

④ 注塑模工艺条件：

- 干燥处理：PMMA具有吸湿性，因此加工前的干燥处理是必须的。建议干燥条件为90℃、2～4h。
- 熔化温度：240～270℃。
- 模具温度：35～70℃。
- 注射速度：中等。

⑤ 化学和物理特性：PMMA具有优良的光学特性及耐气候变化特性。白光的穿透性高达92％。PMMA制品具有很低的双折射，特别适合制作影碟等。PMMA具有室温蠕变特性。随着负荷加大、时间增长，可导致应力开裂现象。PMMA具有较好的抗冲击特性。

（8）PC/ABS

① 典型应用范围：

计算机和商业机器的壳体、电气设备、草坪和园艺机器、汽车零件（仪表板、内部装修以及车轮盖）。

② 注塑模工艺条件：

- 干燥处理：加工前的干燥处理是必须的。湿度应小于0.04％，建议干燥条件为90～110℃，2～4h。
- 熔化温度：230～300℃。
- 模具温度：50～100℃。
- 注射压力：取决于塑件。
- 注射速度：尽可能高。

③ 化学和物理特性：

PC/ABS 具有 PC 和 ABS 两者的综合特性。例如 ABS 的易加工特性和 PC 的优良机械特性和热稳定性。二者的比率将影响 PC/ABS 材料的热稳定性。PC/ABS 这种混合材料还显示了优异的流动特性。

（9）PVC（聚氯乙烯）

① 典型应用范围：

供水管道、家用管道、房屋墙板、商用机器壳体、电子产品包装、医疗器械、食品包装等。

② 注塑模工艺条件：

• 干燥处理：通常不需要干燥处理。

• 熔化温度：185～205℃。

• 模具温度：20～50℃。

• 注射压力：可达到 1500bar。

• 保压压力：可达到 1000bar。

• 注射速度：为避免材料降解，一般要用相当低的注射速度。

• 流道和浇口：所有常规的浇口都可以使用。如果加工较小的部件，最好使用针尖型浇口或潜入式浇口；对于较厚的部件，最好使用扇形浇口。针尖型浇口或潜入式浇口的最小直径应为 1mm；扇形浇口的厚度不能小于 1mm。

③ 化学和物理特性：

刚性 PVC 是使用最广泛的塑胶材料之一。PVC 材料是一种非结晶性材料。PVC 材料在实际使用中经常加入稳定剂、润滑剂、辅助加工剂、色料、抗冲击剂及其他添加剂。

PVC 材料具有不易燃性、高强度、耐气候变化性以及优良的几何稳定性。PVC 对氧化剂、还原剂和强酸都有很强的抵抗力。然而它能够被浓氧化酸如浓硫酸、浓硝酸所腐蚀，并且也不适用与芳香烃、氯化烃接触的场合。PVC 在加工时熔化温度是一个非常重要的工艺参数，如果此参数设置不当，将导致材料分解。

PVC 的流动特性相当差，其工艺范围很窄。特别是大分子量的 PVC 材料更难于加工（这种材料通常要加入润滑剂改善流动特性），因此通常使用的都是小分子量的 PVC 材料。PVC 的收缩率相当低，一般为 0.2%～0.6%。

（10）塑胶电气性能

① 电阻（Insulation Resistance）。

• 表面电阻（Surface Resistance）：电压与由材料表面的湿气或其他导电性杂质所引起的电流之间的比值，与材料的性质及表面干净度有关。

• 体积阻抗（Volume Resistance）：电压与通过材料内部的电流间的比值。

• 阻抗系数 ρ：电位梯度与电流密度的比值。

$$\rho = (V/d)/(I/A) = R(A/d)$$

其中，A 为电极面积；d 为电极间隔。

常见聚合物的体积阻抗如表 8.7 所示。

表 8.7　常见聚合物的体积阻抗

聚合物	体积阻抗/$\Omega \cdot cm$
聚四氟乙烯(PTFE)	1×10^{18}
PPO	1×10^{17}
聚碳酸酯(PC)	5×10^{16}
热塑性聚酯(PBT,PET……)	3×10^{16}
环氧树脂(EPOXY)	1×10^{16}
PE,PP,PS	1×10^{16}
ABS	2×10^{14}
PMMA	1×10^{14}
PA66	1×10^{14}

② 介电性质。

•介电常数（Dielectric Constant）：绝缘材料的介电容量与真空或空气的介电容量之比值，亦即绝缘器储存电量的能力。（将绝缘器放置在两个导电金属板间储存电荷，单位电压所储存的电量称为介电容量。）

•介电强度（Dielectric Strength）：介电崩溃电压除以材料厚度之比值。

注：绝缘材料在失去其绝缘性前，所能忍受之最大电压称为介电崩溃电压。

常见聚合物的介电常数如表 8.8 所示。

表 8.8　常见聚合物的介电常数

聚合物	介电常数
聚四氟乙烯(PTFE)	2.1
PCT	2.7
SPS	2.8
热塑性聚酯(PBT,PET……)	3.2
ABS	3.2
聚碳酸酯(30%GF PC)	3.5
尼龙	3.5~3.8
环氧树脂(EPOXY)	4.5~5.1

•耗散因子（Dissipation Factor）：电力损失指出了绝缘器的效率，耗散因子就是绝缘材料这种效率指示的量测，代表绝缘材料能量的损失率（即由电能转换成热能的比例），比例愈低则介电性愈佳。

•电弧阻抗（Arc Resistance）：材料抵抗高伏特电弧作用的能力，以产生电导性所需的时间来定义。

第9章
工商业储能产品设计方法及案例

9.1 工商业储能产品概述

9.1.1 工商业储能产品定义

工商业储能是指在工业和商业领域中应用储能技术，以实现能源的高效利用和灵活调度，工商业储能是储能系统在用户侧的典型应用。

根据终端客户来分，储能行业主要针对发电侧、电网侧和用户侧，其中用户侧储能可分为户用储能和工商业储能两种。工商业用户配置储能的主要原因是满足自身内部用电需求，利用峰谷电价差套利降低运营成本，储能也可作为备用电源以应对突发停电事故；若配置光伏，还可实现光伏发电最大化自发自用，有效提升清洁能源的消纳率。

工商业储能系统为模块化设计，电压容量灵活配置。工商业储能系统主要包括电池和电池管理系统（BMS）、能量管理系统（EMS）、储能变流器（PCS）及其他电气化部件和保护、监控系统、消防等几大部分。

(1) 能量管理系统（EMS）

能量管理系统（EMS）是运用自动化、信息化等专业技术，对企业能源供应、存储、输送和消耗等环节实施集中扁平化的动态监控和数字化管理，从而实现能源预测、平衡、优化和系统节能降耗的管控一体化系统。能量管理系统（EMS）是在电网调度控制中心应用的在线分析、优化和控制的计算机决策系统，是电网运行的神经中枢和调度指挥司令部，是电网的智慧核心。能量管理系统（EMS）是专门应用于储能电站监控管理及多种能源协调控制的计算机管理系统。

能量管理系统（EMS）是储能系统的智慧管理部分，主要实现对电池能量的安全优化调度。具有完善的储能电站监控与管理功能，涵盖了电网接入、储能变流器（PCS）、电池管理系统（BMS）、站内升压站、站内环境消防等的详细信息，实现了数据采集、数据处理、数据存储、数据查询与分析、可视化监控、多能协调、AGC（自动发电控制）/AVC（自动电压控制）、一次调频、动态调压、报警管理、统计报表等功能。在电网侧，优化了新能源并网的电力参数；在用电侧，利用峰谷电价差，低价时充电，高价时放电，从而实现经济用电。储能系统中的能量管理系统（EMS）如图 9.1 所示。

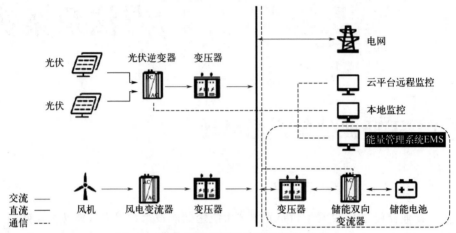

图 9.1　储能系统中的能量管理系统（EMS）

　　能量管理系统（EMS）既可以用于小型分布式的储能电站，也可以应用于大型的电网级储能电站、风储电站、光储电站等。对当前弃风弃光、负荷不稳和峰谷价差等问题，通过优化储能控制、分布式电源出力和负荷投退等，安全、经济、高效地实现不同应用场景（电源侧、电网侧、用户侧和辅助服务）和不同运行方式下的能量管控。

　　能量管理系统（EMS）能对电池性能进行实时监测及历史数据分析，根据分析结果采用智能化的分配策略对电池组进行充放电控制，优化了电池性能，提高电池寿命。系统还兼顾了电池梯次利用技术，大大提高了对电池全生命周期的管理，有显著的经济效益。

　　能量管理系统（EMS）有如下性能指标：

　　① 可靠性和运行寿命指标。

　　a. 系统平均故障间隔时间（MTBF）大于或等于 20000h。

　　b. 系统能长期稳定运行，在值班设备无硬件故障和非人工干预的情况下，主备设备不发生自动切换。

　　c. 监控主机与数据服务器的软硬件配置应满足能量管理系统（EMS）长期运行流畅、不卡机、不死机的要求。

　　② 信息处理指标。

　　a. 主站对遥信量、遥测量、遥调量和遥控量处理的正确率为 100%。

b. 主站设备与系统 GPS 对时精度小于 10ms。

c. 有功功率、无功功率测量误差小于等于 0.5%。

d. 电流量、电压量测量误差小于等于 0.2%。

e. 电网频率测量误差小于等于 0.01Hz。

③ 系统存储容量指标。

a. 历史数据存储时间不少于 3 年。

b. 当存储容量低于系统运行要求容量的 80% 时发出告警提示。

c. 事故追忆要求：事故前 1min，事故后 2min。

d. 磁盘满时，应保证系统正常运行功能。

（2）储能变流器（PCS）

储能变流器即 PCS（Power Conversion System），是一种用于储能设备的电力转换系统，用于将电能从电网或其他电源处转换为可存储的形式（即交直流变换），并在需要时将其释放出来（即供电）。

储能变流器（PCS）通常由逆变器、充放电控制器和保护系统等组成，可以实现对储能设备的充电、放电、能量管理和电力调度等功能。它是储能站的核心，约占总成本的 20%。储能变流器（PCS）决定了输出电能质量和动态特性，也很大程度影响电池的使用寿命。

储能变流器（PCS）的工作原理是交、直流侧可控的四象限运行的变流装置，实现对电能的交直流双向转换。该原理就是通过微网监控指令进行恒功率或恒流控制，给电池充电或放电，同时平滑风电、太阳能等波动性电源的输出。储能双向变流器主电路拓扑如图 9.2 所示。

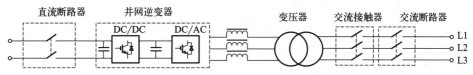

图 9.2　储能双向变流器主电路拓扑

储能变流器（PCS）的工作模式主要有并网和离网两种：在并网模式下，储能变流器（PCS）实现储能电池与电网之间的双向能量转换；在离网模式中，储能变流器（PCS）可以根据实际需求，给本地部分负荷提供满足电网电能质量要求的交流电能。储能系统工作模式如图 9.3 所示。

工商业储能的并网和离网是两种不同的运行模式，它们在实际应用中具有各自的特点和适用场景。

① 并网模式：并网模式是指工商业储能系统与电网相连，可以与光伏分布式发电、微电网、能源管理等新型能源消费形式融合在一起。在并网模式下，储能系统可以在电网负荷高峰期或电力不足时向电网释放电能，从而提供额外的电力支持。这种模式有助于提高清洁能源的消纳率，减少电能传输损耗，助力"双

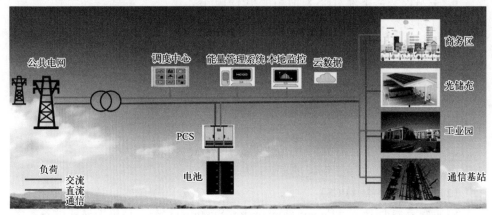

图 9.3　储能系统工作模式

碳"目标的实现。在投资建设光伏电站的过程中，最关键的一步就是并网，只有并网成功的电站才能投入运行，产生收益。

② 离网模式：离网模式是指工商业储能系统在没有电网支持的情况下独立运行。在外部有供电需求的场景下进行系统上电，例如在断电情况下为关键设备提供短时间的电力支持。

光储并离网系统的并离网切换可以在微网控制器与设备间的指令与操作中完成，例如从并网到离网（掉电 10min 及以内）的切换过程。

总体来说，工商业储能的并网和离网模式可以根据实际需求灵活切换，实现能源的高效利用和管理。

储能变流器（PCS）的主要功能包括过欠压、过载、过流、短路、过温等的保护，具备孤岛检测能力并进行模式切换、实现对上级控制系统及能量交换机的通信功能、并网-离网平滑切换控制等。电化学储能系统结构图如图 9.4 所示。

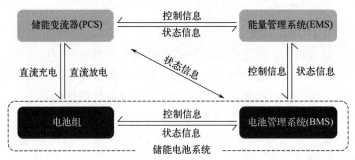

图 9.4　电化学储能系统结构图

按照应用场景的不同，储能变流器（PCS）可以分为储能电站、集中式或组串式、工商业储能及家庭户用储能四大类，主要区别是功率大小。

• 储能电站 PCS 的功率一般大于 10MW，选取级联型多电平拓扑，采用

IGBT 模块设计，一般 N 个交流器安装到集装箱内部，支持多机并联运行，需变压器升压接入电网。

· 集中式 PCS 的功率在 250kW 以上，当前多采用两电平拓扑，同样采用 IGBT 模块化设计，使用功率器件较少，单机功率可达 MW 级，对系统可靠性要求较高。

· 工商业 PCS 的功率一般在 250kW 以下，当前多采用三电平拓扑，与分布式光伏相结合，可以实现自发自用，还可利用电网峰谷差价获利。

· 家庭户用 PCS 的功率在 10kW 以下，与户用光伏相结合，可作为应急电源、进行电费管理等，对安全规范、噪声等要求较高。

以智能分布式储能系统为例，该系统采用一体化设计，高度集成锂电池组、电池管理系统（BMS）、储能变流器（PCS）、能量管理系统（EMS）、温控系统、消防系统以及配电系统于一体，能够提供削峰填谷、电网调频、电力扩容、备用电源、黑启动等功能服务。可灵活地部署在各种工商业园区、光储充一体站、快充站、医院、学校、矿区、机场、加油站等场景。

从技术路线来看，分为集中式逆变器、组串式逆变器、集散式逆变器和微型逆变器四种。目前业内电池储能系统主要采用集中式 PCS，多组电池并联将引起电池簇之间的不均衡；组串式 PCS 可以实现簇级管理，提升系统寿命，提高全寿命周期放电容量。组串式 PCS 规模化应用趋势已见雏形。

在光伏储能系统中，储能变流器（PCS）主要功能如下。

① 能量储存。储能变流器（PCS）的电池储能单元可以储存大量的能量。当太阳能电池板产生的电能超过需求时，多余的电能可以被储存到电池储能单元中；而在电能需求高峰期，电池储能单元可以提供电能以支持电网的运行。

② 电力调度。储能变流器（PCS）可以根据电网的运行情况和电力市场的需求，实时调整电池的充放电策略，以达到调峰填谷、提高电力质量等目的。这不仅可以降低电网的运行成本，还可以提高电力系统的稳定性。

③ 故障应对。储能变流器（PCS）具有快速响应和调节能力，可以在电网发生故障时提供紧急支援。例如，当电网出现电压波动或频率失常时，储能变流器（PCS）可以迅速调整电池的充放电策略，提供稳定的电能以支持电网的运行。

④ 提高电能质量。储能变流器（PCS）可以通过双向变流器将电池的直流电转换为交流电，或者将电网中的交流电转换为直流电。这可以帮助提高电能的质量，减少谐波和电压波动对电网的影响。

⑤ 节能减排。储能变流器（PCS）的应用可以帮助减少化石能源的消耗和温室气体的排放。通过利用可再生能源并配合储能技术，我们可以构建更加绿色、可持续的能源系统。

总之，储能变流器（PCS）作为光伏储能系统的重要组成部分，发挥着能量储存、电力调度、故障应对、提高电能质量和节能减排等重要作用。随着技术的不断进步和市场的不断扩大，储能变流器（PCS）的应用前景十分广阔。我们相信在未来的能源结构和电力系统中，储能变流器（PCS）将会扮演更加重要的角色。

随着储能市场规模的不断扩大，储能系统 PCS 设备不再是简单的转换设备，而是要求具备更高的集成能力。未来，储能系统 PCS 将越来越倾向于集成设备，通过软件的开发、升级、优化，实现储能系统的智能化控制、安全性能保障等，从而实现储能技术在电网中的更好应用。

（3）电池管理系统（BMS）

系统由总控模块（BAU）、主控模块（BCU）、从控模块（BMU）组成，如图 9.5 所示。

| BAU | BCU | BMU |

图 9.5　总控模块（BAU）、主控模块（BCU）和从控模块（BMU）

① 实现模组/PACK-簇-堆的分级管理和控制。

② 支持大数据存储与处理。

③ 具备对电池组的充放电管理、绝缘监测、热管理及故障报警功能。

④ 集成蓝牙 WiFi 模块和云端服务，与储能变流器（PCS）、能量管理系统（EMS）、人机界面等装置实现信息数据交互，也承担了空调、消防等动环设备信息的透传和控制功能。

⑤ 具有兼容性强、高安全性、扩展性宽、配置灵活等特点。

⑥ 适用于电压 1500V 以内的各种电池储能系统，易于组装、调试和维护。

电池管理系统（BMS）技术参数（例）如表 9.1 所示。

表 9.1　技术参数

串数	支持 8～400 串磷酸铁锂电池
适用平台	＜1500V
供电电压	9～32V
SOH	≤10％
SOC	≤5％
通信方式	RS485/CAN/以太网
采集精度	总电压精度±0.3％FSR,电流精度≤0.5％,温度精度－25～65℃

（4）工商业储能消防

随着可再生能源的普及和能源结构的转型，工商业储能消防系统作为保障能源安全的重要组成部分，正逐渐受到广泛关注。

① 工商业储能消防系统概述。

工商业储能消防系统是指在工业和商业领域应用的储能消防技术。它主要利用先进的技术手段，实现能源的高效存储、安全管理和合理分配，从而保障工业生产和商业运营的稳定进行。工商业储能消防系统具有以下特点：

a. 高效储能：通过先进的电池技术，实现能量的高效存储和释放，满足各种能源需求。

b. 安全可靠：采用智能监控和预警系统，实时监测储能设施的运行状态，确保安全可靠。

c. 灵活应用：适用于各种规模和类型的工商业场所，满足不同场景下的能源管理需求。

d. 节能环保：采用清洁能源，减少对传统能源的依赖，降低碳排放，保护环境。

② 工商业储能消防系统的灭火原理。

工商业储能的火灾主要分为电气火灾和电池火灾两种。

a. 电气火灾主要源自储能系统中存在的大量电气设备，包括电气室的 PCS、变压器和电器接入开关柜等，也包括附属的电气设备，如开关盒、直流回路、直流汇流柜、配电系统等。

b. 电池火灾主要源自内部材料的组成及构造，由于在电池制造、运输、安装和使用过程中的品质失控或不规范操作使得发生热失控的风险大大增加。电池热失控指的是电池内部自放热连锁反应引起的电池温度急剧上升的不可控现象，当热失控产生的热量高于电池外界可以消散的热量时，就会发生过热，甚至导致起火、爆炸。

电池的热失控是任何一种二次电池（包括铅酸电池、锂离子电池等）都存在的风险。但是，铅酸电池的热失控表现为冒酸、高温、外壳鼓胀变形、气阀排气，最后表现为失水。锂离子电池的热失控过程较为剧烈，锂离子电池通过串并联以获得更大容量，一旦出现电芯的热失控，就可能导致整个系统火灾。

锂离子电池的热失控过程可以分为五个阶段：

a. 温升初期：在这一阶段，锂离子电池被外部热源（如外部电气火源或相邻失控的电池）被动加热，这可以认为是热失控的起点。

b. 初爆/排气：当内部热量积累到一定水平后，电解液被加热气化，在 $130\,^{\circ}\mathrm{C}$ 左右时，电池隔膜开始融化，引发内部短路，内部压力达到极限值，冲开安全阀，含有气态和液态的电解液喷出并伴有响声，电池热失控进入了第二阶段。

c. 剧烈反应：初爆后，电池内部的压力不均，正负极层状材料破裂，结构局部坍塌，空气逐渐渗入，加剧了电解液的分解、燃烧，温度开始快速上升，加剧了隔膜融化，电池输出电压骤降。

d. 燃爆阶段：电解液及其他物质被高温点燃，内部气压瞬间增大，高温燃烧物质和气体从电池中大量喷出，形成大的明火，导致电池外壳炸裂。

e. 冷却阶段：电池能量被完全释放，电池停止化学反应，随环境温度一起逐渐冷却。

锂离子电池在过冲初期电池电压依然会继续上升并达到峰值，而后电池电压下降，同时热量开始累积，内部反应和短路加剧，最终导致温度急剧升高，输出电压瞬间下降，进入热失控状态。

工商业储能消防系统图如图 9.6 所示。

柜式储能非储压灭火装置

TC02-QY复合火灾探测器

图 9.6　工商业储能消防系统图

柜级探测、包级防护方案设计如下。

每个储能柜作为一个防护区，设置两级防护——包级防护与柜级防护，其中包级防护采用二合一复合探测器作为探测装置放置于每个电池 Pack 内，用于探测 Pack 内的可燃气体浓度及温度，每个 Pack 上设置一刺破阀和包级喷头，二合一复合探测器与柜式储能非储压灭火装置进行电气连接，并转发对应刺破阀的控制指令。

柜式储能非储压灭火装置的出口通过高压软管及快插管件连接至刺破阀，一旦某个电池包发生热失控，二合一探测器将报警信号传输至柜式储能非储压灭火装置，并打开相应刺破阀，柜式储能非储压灭火装置启动，全氟己酮灭火剂通过快接管路及包级喷头直接作用于失控电池包。

柜级防护采用被动式防护，通过非储压式全氟己酮灭火装置与感温磁发电组件组合使用，一旦柜内温度超过感温磁发电的启动温度，感温磁发电组件将发出脉冲电流启动柜内的非储压式全氟己酮灭火装置，对储能柜进行全淹没防护，并反馈启动信号给到柜式储能非储压灭火装置。

每个储能柜作为一个防护区，设置一套储能柜非储压全氟己酮灭火系统，系统由复合火灾探测器、柜式储能非储压灭火装置（含控制器）、包级全氟己酮喷头、管路及管件等组成。

复合探测器检测储能柜内一氧化碳、电池液泄露气体 VOC、温度、烟雾等参数。并且通过 CAN 总线上传至柜式储能非储压灭火装置，装置启动内部非储压瓶组对柜内实现最多两次进包喷射抑制。

③ 工商业储能消防系统的应用场景。

a. 工业领域：在工业领域，工商业储能消防系统主要用于平衡峰谷电价、降低用电成本、提高生产效率等方面。通过储能系统的合理调度和管理，企业可以更好地应对电力短缺、价格波动等问题，提高经济效益。

b. 商业领域：在商业领域，工商业储能消防系统主要用于提供应急电源、保障设备运行、提高能源利用效率等方面。例如，在数据中心、通信基站、医院等重要场所，储能消防系统可以作为备用电源，确保关键设施在电力故障或突发事件中正常运行。

c. 分布式能源系统：分布式能源系统是未来能源发展的重要方向。通过工商业储能消防系统，可以实现可再生能源的高效整合和优化配置，提高能源自给自足能力，降低对传统能源的依赖。

9.1.2 工商业储能概况

(1) 工商业储能架构

储能电站架构可分为交流耦合与光储一体机两种。

采用储能变流器（PCS）的交流耦合储能的工商业储能系统配置与储能电站基本一致，储能变流器（PCS）逆变器以双向变流为主，在中小工商业储能系统中也开始用 50～100kW 的光储一体机。

对比来看，交流耦合储能成本较高，但灵活性更好，如在已经安装的光伏系统中加装储能系统，只需加装蓄电池和双向储能变流器，不影响原光伏系统；直流耦合方案成本更低，适合白天负载较少而晚负载上较多的用户。

(2) 工商业储能应用场景

① 单独配置储能：通过削峰填谷为企业节约用电费用或作为备用电源使用，主要应用于工厂、商场等。

② 光储充一体化：在有限的土地上建设光储充一体化电站，采用屋顶和停车场雨棚光伏，配置储能系统后，实现"自发自用、余电存储"，有效缓解充电桩负荷对电网的冲击。光储充一体化应用场景如图 9.7 所示。

图 9.7 光储充一体化应用场景

③ 微电网＋储能：微电网被看作电网中的一个可控单元，可在数秒内反应来满足外部输配电网络的需求，可满足一片电力负荷聚集区的能量需要，如海岛、远郊居民区和工业园区等。如果在负荷集中的地方建立微电网，并利用储能系统储存电能，当出现短时停电事故时，储能系统就能为负荷平稳地供电。对离网型微电网，储能可以平滑新能源发电和作为备用电源使用；对并网型微电网，储能的主要作用是实现能源优化和节能减排。微电网＋储能如图9.8所示。

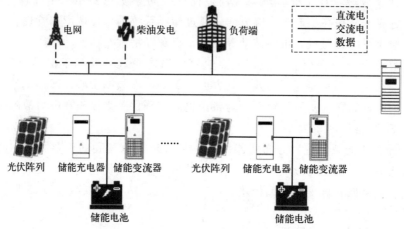

图 9.8　微电网＋储能

（3）工商业储能市场格局

当前工商业储能市场参与企业众多但竞争格局尚未完全打开，当前各企业的竞争壁垒尚不明显。

出货量规模普遍偏小，除个别以租赁模式推广市场的企业外，大部分企业年出货量规模均不超过200台；第一批进入市场的企业出货量规模多数在几百台；2022年新进工商业储能企业大部分还处于设计产品、组建团队和品牌宣传等阶段，尚未真正有产品进入市场。

主流产品容量约200kWh，国内工商业储能主流产品容量170～220kWh，同时搭配70～110kW的功率配置，形成满充满放2h的能量存储时间，容量的设计与Tesla的Powerwall产品相似。部分企业主推1000kWh产品，瞄准园区等客户。而出口海外的工商业储能多以300＋kWh产品为主。

9.1.3　工商业储能市场规模及发展趋势

（1）工商业储能市场规模

用户侧储能项目占2022年已并网项目的10％。从2022年已并网项目的应用领域来看，可再生能源储能项目和独立式储能项目分别占比达45％和44％；用户侧（户用＋工商业）储能项目在容量规模占比上大幅提升至10％。

用户侧储能规模达 GW 级。据储能产业技术联盟数据，2021 年中国新型储能并网项目总规模为 2.4GW/4.9GWh；据储能与电力市场统计，2022 年该规模达 7.762GW/16.428GWh，容量规模同比增长 235％。其中，已并网用户侧储能项目容量占比 10％，规模达 1.64GWh。已并网储能项目应用领域分布如图 9.9 所示。

（2）工商业储能发展趋势

多数企业采用"智能化＋模块化"的设计思路设计产品。智能化即为基于数据采集、安全控制等电池管理系统（BMS）和能量管理系统（EMS）功能，利用算法等一系列创新技术与传统电力电网、能源系统控制保护结合的智能管控方式。模块化即以能量模块为一个单元的软硬件独立设计，可根据不同应用场景自由搭配及灵活部署。工商业储能市场最大的特征就是灵活多变的用

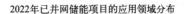

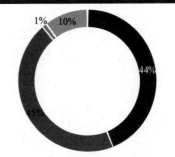

■独立式 ■可再生能源储能 ■调频 ■用户侧

图 9.9　已并网储能项目应用领域分布

户需求，因此在产品设计方面，需考虑产品多样化适配。

精细化管控是趋势，区别于新能源配储的大型集装箱储能，工商业储能对精细化管控的策略和算法难度要求更高。未来在电力开放与应用场景多样化的需求下，软件和系统管控能力将是工商业储能企业的核心竞争力。

9.2　工商业储能产品设计

9.2.1　集装箱储能电站

集装箱储能电站采用国内一线品牌电芯设计，循环寿命高达 8000 次，集成动力系统、电池管理系统（BMS）系统、温控系统、环控系统、消防系统、照明系统及接地系统为一体，主要产品规格为 20HC、30HC 及 40HC 三款尺寸，单箱容量覆盖 2.67～7.53MWh，可结合客户应用场景灵活配置。集装箱储能电站如图 9.10 所示。

图 9.10　集装箱储能电站

集装箱储能规格如表 9.2 所示。

表 9.2　集装箱储能规格

集装箱规格	20HC	30HC	40HC
满配容量/MWh	3.63	6.02	7.53
可配容量/MWh	2.67～3.63	4.52～6.02	6.67～7.53
适配电压范围/V	1000～1500		
充放电倍率	0.5CP		
电芯参数	LFP-3.2V-280Ah-896Wh		
模组参数	LFP-38.4V-560Ah-21.504kWh/LFP-76.8V-280Ah-21.504kWh		
循环寿命	8000 次(90%DOD,70%EOL)		
循环效率	94%(直流侧)		
电池管理系统(BMS)方案	主动均衡＋三级架构		
通信接口	Ethernet/RS-485/CAN		
通信规约	Modbus-TCP/IEC61850/104		
温控方案	智能变频风冷/液冷		
消防方案	气体/烟雾/温度探测＋七氟丙烷＋全氟己酮(选配)＋主动排风		
绝缘电阻	＞10MΩ		
辅助电源	AC380V-50Hz		
海拔	≤5000m(＞3000m 降容)		
允许环境温度/℃	−40～55		
允许相对湿度	0%～95%Rh(无凝露)		
外形尺寸/(mm×mm×mm)	6058×2438×2896	9125×2438×2896	12192×2438×2896

9.2.2　工商业储能电站

工商业储能电站如图 9.11 所示。

工商业储能电站采用全封闭一体式设计，户外型 IP54 防护等级，柜内集成

图 9.11　工商业储能电站

高安全长寿命电池系统、均衡电池管理系统（BMS）、高性能 AC/DC 储能变流器、精密液冷温控系统、安全高效消防系统等，可实现负荷跟踪、削峰填谷、电力扩容、应急备电等价值。工商业储能电站规格如表 9.3 所示。

表 9.3　工商业储能电站规格

系统容量/kWh	215
电池标准电压/V	768
电压范围/V	624～876
额定充电电流/A	140
最大持续放电电流/A	140
通信方式	CAN2.0/NET
储能变流器(PCS)功能	100kW
人机界面	具备
绝缘监测	具备
警示功能	具备
接地设计	具备
工作温度/℃	−20～55
相对湿度	≤95％(无冷凝)
消防系统	七氟丙烷灭火系统
防护等级	IP54
外形尺寸/(mm×mm×mm)	2000×1200×1700
质量/kg	2350

储能设备作为新能源标志性设备重要成员之一，其发展速度非常迅速，诸如储能机柜、户外储能电源等，很多厂家都推出拥有自己特色及用途各异的储能设备。储能设备用什么散热风扇需要根据具体要求进行选择，以下是需要考虑的几个因素。

① 散热效率：散热风扇的散热效率是选择的关键。通常，高转速的风扇具有更好的散热能力，但同时也会产生更多的噪声。因此，需要根据储能设备的散热需求和噪声容忍度来选择适合的散热风扇。

② 噪声水平：一些储能设备可能对噪声非常敏感，特别是在安静环境下工作时。因此，选择低噪声的散热风扇至关重要。

③ 外形尺寸：储能设备的大小和形状可能对散热风扇的外形尺寸有限制。确保选择的风扇能够适应储能设备的尺寸要求，并且可以有效地覆盖设备的散热区域。根据尺寸选择合适的风量以及风压等保证散热效果。

④ 耐用性：储能设备通常需要长时间运行，因此选择具有较长使用寿命和耐用性的散热风扇是很重要的。目前，无刷电机搭配双滚珠轴承有着不错的耐

用性。

⑤ 电源要求：确定储能设备所需的电源类型和电压等信息，并选择相应的散热风扇。推荐 24V 和 48V 散热风扇，在适配性上更广泛。

⑥ 功能支持：储能设备通常需要调速以及运转监测功能来实现对散热风扇工作状态的监测和调节，常用功能为 PWM 调速和 RD 运转监测堵转高电平报警功能。

最终，根据储能设备的具体要求和使用环境（潮湿环境需要增加防水功能）来选择合适的散热风扇是最重要的。

9.3 工商业储能产品实际应用案例一

储能解决方案，如图 9.12 所示。

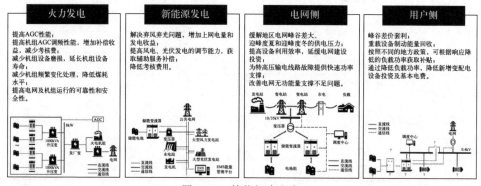

图 9.12 储能解决方案

工商业储能作为储能系统在用户侧的典型应用，随着电价政策的持续深入、全国大部分省区市电力需求响应政策颁布以及锂电池原材料价格持续下探带来储能建设成本明显下降等利好因素叠加，其市场主体地位逐渐明确，应用场景也进一步得到验证，近年来迅速成为市场的热点。

9.3.1 工业制造领域＋储能

工业制造企业，诸如水泥厂、钢铁厂、造纸厂、化工厂、材料厂等，普遍具有用电功率大、长时间高负荷、设备能耗大等特点，且我国工业园区有较高的电价差，适用于储能项目的峰谷套利，为企业节省用电成本。

另外在调峰调频、限电断电的情况下，储能系统不仅能及时作为能源补充保证生产经营的顺利进行，同时还能作为安保电源，保障发动机等大型设备不受断电损伤。

葛洲坝储能电站系统项目如图 9.13 所示。

该系统采用高安全性磷酸铁锂电池、预制舱式设计，运用能量管理系统（EMS）等信息化技术，能源转换效率达到 88% 以上，单次最大储电容量 8000kWh，日均最大放电量可达 16000kWh。

图 9.13　葛洲坝储能电站系统项目

项目通过"分享型合同能源管理"模式，实现零成本分享收益净额，已于 2023 年正式投运。目前各项指标均为良好，绿色低碳发展效能逐步显现。

通过"两充两放"充放电策略，在低电价时段充电，高电价时段放电，预计年放电量约 550×10^4 kWh、减碳排放量 3240t/年，不仅为企业降本增效，也有助于电网稳定运行，帮助企业提升经济效益、社会效益、环境效益和发展效益，成为传统企业能源结构转型的典型。

温州储能电站系统项目如图 9.14 所示。

该项目采用搭载 280Ah 电芯的风冷储能柜，使用寿命可达十年以上；同时，配备消防系统、温控系统、热管理系统、电池管理系统等设备，确保系统的高效稳定运行。

利用园区峰谷、峰平时段的实际电价差产生节能效益（两充两放），预计每天节约超 800kWh，储能系统年放电量约为 22.4×10^4 kWh。

湖南储能电站系统项目如图 9.15 所示。

图 9.14　温州储能电站系统项目

图 9.15　湖南储能电站系统项目

项目采用集装箱形式安装，箱内集成电池系统、变流系统、电池管理系统、监控系统、辅助系统（温控、安防）为一体，工程技术处于国内领先水平。项目运行后，显著提升企业的电能质量和供电可靠性。

该项目使用 SOC 算法、IBMS 系统、II-EMS 能源管理系统，能实现随时监控、远程运维，进一步提升项目的安全性和可靠性。

9.3.2 公共设施和城市基础设施领域+储能

公共设施和城市基础设施，即公共交通、公共建筑、城市公共服务设施、城市基础设施和通信设施等方面，需要应对电力短缺和电力质量不稳定的问题。

储能技术的应用可以优化电网的能源结构，甚至提高可再生能源的利用效率，从而实现对城市能源的高效管理和调节。同时，储能还可以为城市基础设施提供备用电源，保障城市基础设施的稳定运行，提高安全性和可靠性。例如，一些城市会在学校、公园、地铁站、高速公路、机场等公共场所设置储能装置，以应对电力负荷峰值和突发电力需求，为居民提供便利。

上海光储充智能微网项目如图9.16所示。

图 9.16　上海光储充智能微网项目

该项目将光伏发电系统与储能系统有机结合，可实现100％绿电，减少电费支出，并能作为用户 UPS 电源，保障关键设备的持续供电。并离网切换时间小于 10ms，可保障用电安全及可靠性。

9.3.3 商业和服务领域+储能

商业和服务行业，例如商场、酒店、办公楼等，需要在繁忙的消费季节得到大量的电力支撑，因此，储能系统可以用于储存电力，以便在能源供应短缺或需求增加时提供备用电源。此外，商业储能系统还可以用于平衡商业建筑的电力需求，减少能源浪费和能源成本。

9.3.4 医疗领域+储能

医疗机构属于用能重点单位。尤其医院因为生命服务的特殊性，绝不允许出现任何运行问题。储能项目可以充当 UPS（不间断电源）功能，保证以上场景重要负荷不断电，为平稳运营提供坚实的电力保障。

9.3.5　新兴产业领域 + 储能

　　储能技术在新兴产业领域的应用包括智能电网、电动汽车、物联网、人工智能、大数据等方面。比如，储能系统接入数据中心，可增强数据中心的供电可靠性，防止偶然断电导致数据丢失。还可通过削峰填谷、容量调配等机制，使数据中心不再是一个简单的电力负荷，可提升电力运营的经济性，实现降本增效。

　　随着储能技术的不断升级，应用场景也在进一步丰富。越来越多的企业开始重视储能系统的应用价值，尤其是对能源需求较大、对电力质量要求较高、对用电成本敏感以及对电力稳定性有要求的企业来说，工商业储能为企业解决诸多实际问题并带来显著的经济回报与社会示范效应。但"配储"却并非简单的电池电芯模块堆叠，产品是基石，更需要选择科学的系统解决方案、成熟的项目建设团队以及完善的后续服务来保障储能系统最大化发挥功效，帮助企业降本增效，获得及时及未来长远收益。目前，工商业储能盈利方式大致有六种：峰谷套利、能量时移、需求管理、需求侧响应、电力现货市场交易、电力辅助服务。

9.4　工商业储能项目案例二

　　以浙江省某 6MWh 工商业储能项目为例，计算了当前政策条件下，工商业储能的六种收入来源及收入情况。6MWh 工商业储能盈利方式对比如图 9.17 所示。

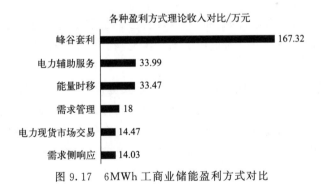

图 9.17　6MWh 工商业储能盈利方式对比

9.4.1　典型工商业储能项目介绍

　　浙江省新建 6MWh 用户侧储能项目，升压至 10kV 接入厂区母线，工厂白天负荷稳定可完全消纳储能放电，且变压器容量满足储能充电需求。

　　两充两放：考虑工厂休息及设备检修，储能设备每年运行 300 天，每天两充两放。第一次在谷时 22：00—24：00 充电，在次日高峰段 9：00—11：00 放电；第二次在谷时 11：00—13：00 充电，在尖峰段 19：00—21：00 放电。

峰谷价差：2023 年 3 月浙江一般工商业用电为例，尖峰电价 1.4085 元/kWh，高峰电价 1.0463 元/kWh，谷时电价 0.4266 元/kWh。

投资成本 1.8 元/Wh，总投资 1080 万元，其中银行贷款 70％，贷款利率 4.65％，DOD 90％，充放电效率 92％，储能寿命为 10 年。经济性测算如表 9.4 所示。

表 9.4　经济性测算

参数名称	单位	预测值
储能容量	MWh	6
每年工作天数	天	300
每天充放次数	次	2
项目投资	元/Wh	1.8
运维费用	％/年	1.67
贷款利率	％	4.65
放电深度（DOD）	％	90
充放电效率	％	92
储能寿命	年	10

9.4.2　峰谷套利盈利计算

工商业用户可以在电价低谷时，以较便宜的低谷电价对储能电池进行充电，在电价高峰时，由储能电池向负荷供电，实现峰值负荷的转移，从峰谷电价中获取收益。

浙江省某典型工商业储能项目，按照充放电深度 90％、充放电效率 92％、一年运行 300 天、一天充放电 2 次计算，通过峰谷价差套利，每年收益＝放电收益－充电成本＝实际放电量×峰段电价－实际充满所需电量×谷段电价＝（峰段电价×日充放电次数×消纳天数×系统效率×总容量×充放电效率）－（谷段电价×日充放电次数×消纳天数×系统效率×总容量/充放电效率），一年的峰谷套利总收入为 167.32 万元。一天充放电峰谷价差套利如表 9.5 所示。

表 9.5　一天充放电峰谷价差套利

项目	第一次	第二次
充电电价/（元/kWh）	0.4266	0.4266
充电电量/kWh	5400	5400
放电电价/（元/kWh）	1.0463	1.0485

项目	第一次	第二次
放电电量/kWh	4968	4968
充放电收入/元	2894	4694
一天合计收入/元	7588	

9.4.3　能量时移的收益计算

光伏发电具有间歇性和波动性。自发自用、余电上网的工商业分布式光伏项目发电量超出负荷所能消耗时，多余的电则以较低价格送入电网。当光伏供给负荷电量不够时，工商业用户又得以较高价格向电网购买电能，电网和光伏系统同时给负载供电，故工商业用户在配置光伏情况下用电成本没有得到最大化的降低。

工商业用户配置储能系统后，在光伏发电输出较大时，将暂时无法自用的电能储存到电池中，在光伏发电输出不足时，将电池中的电能释放给电力负荷使用，通过储能系统平滑发电量和用电量，提升光伏发电和消纳率，最大程度实现用电利益最大化。

收入测算：假设该工商业用户拥有 $2000m^2$ 屋顶，可配置 200kW 光伏，光伏组件第一年衰减 2%，此后每年衰减 0.50%，每天综合发电时长 4h，合计发电 800kWh，转移至尖峰时段使用，第一年能量时移收入 33.47 万元。

9.4.4　需求管理的收益计算

我国针对受电变压器容量在 315kW 及以上的大工业用电采用两部制电价，基本电费是指按用户受电变压器（按容计费）或最大需量计算（按需计费）的电价收费，电度电费是指按用户实用电量计算的电价。

在基本电价按需收费的工商业园区安装储能系统后，可以监测到用户变压器的实时功率，在实时功率超过超出需量时，储能自动放电监测实时功率，减少变压器出力，保障变压器功率不会超出限制，从而达到降低用户需量电费、减少工商业园区用电成本的目的。

9.4.5　需求侧响应的收益计算

当电力批发市场价格升高或系统可靠性受威胁时，电力用户接收到供电方发出的诱导性减少负荷的直接补偿通知或者电力价格上升信号后，改变其固有的习惯用电模式，达到减少或者推移某时段的用电负荷而响应电力供应，从而保障电网稳定，并抑制电价上升。即企业在电力用电紧张时，主动减少用电，通过削峰等方式，响应供电平衡，并由此获得经济补偿。

收入测算：假设年度需求侧响应 20 次，单次需求侧响应最高补贴 4 元/kWh，测算取平均价格 2 元/kWh，第一年需求侧响应收入 14.03 万元。

9.4.6 电池储能系统成本

在电池单位容量成本不变的情况下，储能系统总容量越大，分摊至单位容量的其他成本越低，这样在大容量储能系统中的应用也将越来越显示出优势。

具体从工商业储能的制造和安装调试过程来看，其成本比例详细分布如表 9.6 所示。

表 9.6　成本比例分布

参数	装配	结构	电气	温控	消防	PCS	电池
50kW/2h	4.3%	8.7%	11.3%	3.4%	—	7.5%	64.8%
250kW/2h	1.5%	5.6%	5.2%	2.4%	2.3%	7.0%	76.0%
2500kW/2h	0.7%	2.0%	2.5%	1.3%	1.0%	5.0%	87.5%

以 250kW/2h 工商业储能为例，电池约占到总成本的 76%，集装箱、控制器、温控、消防、配电及其他相关附件（LED 照明、线缆等）约占 15.5%，PCS 约占 7%，上述系统中未考虑并网变压器的成本。

所以，从硬件与制作成本角度分析，随着储能系统容量与功率的不断增加，PCS 及其他电气、结构等成本比例将相应降低，而锂离子电池成本比例却不断增加，因此锂离子电池成本的控制将对电池储能系统的整体成本的下降产生决定性的影响。

第10章
锂离子电池常见
故障维修和养护

首先要判断是否有维修的价值，如果是几乎天天使用的锂离子电池，同时已经用了两年以上，这类锂离子电池就没有什么维修的价值了。应该根据使用者表述的故障情况大致推断维修费用，征询客户是否接受维修费用。

锂离子电池的故障除了BMS保护板和电芯自然老化损坏以外，几乎都和压差有关系，造成压差的原因为电芯的老化程度不一致，个别电芯老化快于其他电芯产生压差，或某支电芯或某串电芯损坏导致该串电压低于其他串产生压差。

故障锂离子电池应先仔细观察外观结构是否完好，有无破损、漏液，有无烧焦、发烫、是否进水等，再测量充放电口的电压。

10.1 锂离子电池零电压的维修

电池组零电压，首先应测量B-与电池组总正之间是否有电压，如果有电压就检测连接导线是否有脱焊断路现象，如果线路正常就检查保护板是否因温度探头损坏等已开启保护功能，就可以判断故障点在保护板，可更换保护板或对电池组充电测试。锂离子电池组零电压检测如图10.1所示。

如果不经过保护板的电池组总正和总负也是零电压，有可能是由于电池长期闲置自放电造成，此时可不经过保护板直接对电池组的总正和总负充电，也可单串充电激活电芯。充电电压一定要正确，单串充电电压是电芯的最高工作电压，整组充电电压：

磷酸铁锂充电电压＝3.65V×S（串联数）

三元锂充电电压＝4.2V×S（串联数）

开始应该用不大于0.2C的小电流充电，电压有回升后再加大电流，最

图10.1 锂离子电池组零电压检测

好不超过 0.2C。当电压超过电芯的最低工作电压后再通过保护板充电。电芯激活后应该测量各串电压，如果压差太大说明有电芯已经损坏无法被激活，应该找到该串断开镍片，静止 10min 以上再逐个测量电芯电压，零电压或自放电最快的电芯即为损坏的电芯，需要及时更换。

10.2　BMS 电池管理系统故障诊断

（1）检测保护板是否正常的方法

外观检查，观察 MOS 管是否炸开，元器件是否有灼烧痕迹；通过测试 B-与总正极和 P-与总正极的电压是否一致，电压相同保护板就正常，如果压差较大保护板就有问题。通过测量 B-和 P-间的电阻判断，如果电阻为零则为正常，如果不能导通则可能是 MOS 管没有打开或保护板异常。不同的保护板厂家电路设计不同，检测方法以厂家为准，如果没有标注生产厂家的可以通过替换保护板的

图 10.2　BMS 电池管理系统

方法来判断保护板是否有故障。一般对保护板进行更换而不是维修，因为保护板与电池组是实时通电的，如果有某个元件损坏就会产生连锁反应，造成其他元件性能衰减或损坏，如果维修不彻底就会埋下安全隐患。保护板的损坏一般都和充电电压电流不匹配有关，维修时一定要询问使用者充电器的型号、电压、电流等参数。BMS 电池管理系统实物如图 10.2 所示。

（2）容量明显减小的维修

① 充不满电：电池组有电压但不是满电压，充不满电充电器就自动跳灯无法继续充满电池。如果检测保护板和连接线都正常，就可以拔下保护板排线，逐个测量每一串电芯的电压，当中应该会有在其他串电芯还未充满电时就有一组或多组电芯已经充电到电芯的最高工作电压，保护板检测到有一串电芯达到最高工作电压后，为防止过充就会自动切断充电电路导致无法充电。修复的方法是平衡压差，有修复器的可以直接将排线接入修复器自动修复，也可以通过单串充电的方法将每一串的电压充至均衡，放电至保护后使用放电均衡效果最佳。压差修复完成后必须要做放电测试，因为出现较大的压差时多数都是由于某一串里有电芯损坏造成的。要在放电的同时测量每一串的电压，如果有某串压差越来越大，就可以判断该串电芯有损坏，可断开该串电芯镍片，静止 10min 以上再逐个测量电芯电压，零电压或自放电最快的电芯即为损坏的电芯，需要更换。

② 放不完电：电池组还没到放电截止电压就断电保护不能继续放电，电池组容量明显变小，续航里程明显减少。这类故障也是由于压差过大，虽然大部分

电芯都还在有效工作电压区间，但是保护板检测到有某一串电芯已经达到最低工作电压，为防止过放就会自动切断放电电路导致无法继续放电。维修的方法与充不满电相同，只是把电芯的最高工作电压变为最低工作电压。

③ 无法充放电的维修：电池组有电压但是无法充放电，在排除保护板损坏的前提下，这类故障也是由于压差造成，但内部电芯损坏的概率更大。当正常的电芯电压已经在最高工作电压时，保护板启动过充保护，无法充电，但是损坏的电芯电压已经是零或已经低于最低工作电压，保护板同时又启动过放保护，因此既无法充电也无法放电。修复的方法也是通过逐串电压测量找到零电压或电压最低那串，断开镍片静止后找到损坏的电芯进行更换。

（3）更换电芯的几种方法

由于维修的电芯大都是使用过一段时间的电池，要找到一致性相同的电芯几乎不太可能，因此一般不建议直接找新电芯替换损坏的电芯，因为新旧电芯的内阻、SOC、容量的不一致性在使用过程中压差会逐步增大，产生充不满电或放不完电等故障。如果遇到确实只需要更换一支电芯的情况，也要尽量找同一厂家同一型号或相同容量、相同倍率、相同内阻的电芯替换。

① 减并法。为保证电芯的一致性和电池组的稳定性，在允许牺牲一部分容量的前提下可以使用减并法。将原来电池组中每一串的并联数量减少一支，用减下来正常的电芯替换已经损坏的电芯，这就是减并法。例如：10S5P 的电池组经检测其中有一串电芯 5 支都损坏，找不到相同参数的电芯替换，就可以把 10 串电芯中的每一串都取下来一支，改成 10S4P，除开坏的一串 5 支，取下的电芯还有 9 支是正常的，就可以利用其中的 4 支替换损坏的那串。这样修复的电池组都还是原来的电芯，一致性有保障，只是容量比原来少了 20%。

② 加并法。在减并法的基础上保证容量不变，在按照减并的方法完成后，另外找参数与原电芯相同的 10 支电芯，每一串都增加一支，不能和减并法剩下的电芯混用，必须使每一串都是 4 支旧电芯和 1 支新换的电芯，这样才能达到每一串的平衡，从而保证每一串的一致性和电池组的稳定性。

③ 减串法。去掉损坏的那串电芯，将 10S 改为 9S，这种方法是最简单最有效的方法，但是必须清楚保护板是否支持减串功能，有些集成度高的保护板不能减串使用。还要了解减串后的电压是否能满足原来用电器的电压要求。

10.3　锂离子电池进水的处理方法

电池进水需要立即停止使用，及时处理。有些进水不严重，电池当场也可以使用，但后期很快就会出现问题，电池腐蚀非常快。正确的做法是把电池盒打开，电池组拿出来晒干或者晾干，但是不要暴晒，时间要长一些。锂离子电池由很多电芯组成，电芯之间缝隙里面都会进水，表面的水很容易干，但是缝隙里面的水需要很长时间才能干。保护板是精密的电子元器件，进水后很容易烧坏，完全晒干之后再试一下电池是否有电，如果有电也不要急于装盒使用，先充电放电试一下，看电池和保护板会不会发热发烫，正常后就可以装进电池盒使用了，若发热严重需要找专业人士进行维修；如果电池没电，大概率是保护板损坏，应拿去让专业人士维修。如果不及时维修，电芯很快就会腐蚀，锂离子电池里面最贵的就是电芯，电芯一旦腐蚀，电池就完全报废了，损失比较严重。锂电池组进水如图 10.3 所示。

图 10.3　锂电池组进水

10.4　锂离子电池组改压扩容注意事项

① 锂离子电池改压：锂离子电池改变电压只需要改变电池组的串数即可，减压相对简单，减掉相应的串数，更换匹配的保护板就可以了，如果去掉的电芯还想用在电池组上，在每一串增加相同数量的电芯，把电芯并联在每一串电路中，每一串增加电芯的数量一定要一样。

② 扩容：并联增加容量。方法一：可以通过增加并联电芯的数量增加电池容量，需要注意的是，新增的电芯一定要与原有的电芯尽量一致，包括容量一致、内阻一致、电压一致、型号一致等，最好是一个厂家的电芯；不能随便增加电芯，否则会减少电池的使用寿命，因为电芯不一致，电压升降幅度就不同步，电芯之间就会相互充放电。电池的寿命就是充放电循环次数。方法二：通过更换更大容量的电芯实现扩容，比如 18650 电芯有多种容量，虽然电芯的数量和体积没有变，但是单个电芯的容量变大了，电池组的容量也会随之增大。

10.5　锂离子电池日常维护保养技巧

① 新购买的锂离子电池因为多少都会有一点电量，因此，使用者拿到电池时可以直接使用，将剩余的电量用完再充电，经过这样 2～3 次的正常使用就可以完全激活锂离子电池的活性。之后的使用不需要等到电池没电再充电，锂离子

电池没有记忆性，等电池没电再充电反而对电池不好。

② 防止频繁过度充电，合格的充电器没有过度充电这一回事，但低质量的充电器会出现过度充电，并且不可防止，过度充电会使电池内部的温度升到很高，对锂离子电池和充电器都是有害的。

③ 防止使用充满电后热的锂离子电池，当电池新充电时，温度可能会很高，加之立即使用它们，电子元件的内部温度就会升高，这可能会对器件的电子元件产生负面影响。

④ 长期不使用电池时，尽量将电池取出保存在干燥阴凉处。

⑤ 注意锂离子电池的使用环境：锂离子电池充电温度范围 0～45℃，锂离子电池放电温度范围－20～60℃。

⑥ 防止接触金属触点，以免金属物体触碰到电池正负极，造成短路，损坏电池甚至造成危险。

⑦ 不要敲击、针刺、踩踏、改装、暴晒电池，不要将电池放置在微波、高压等环境下。

⑧ 使用合适的充电器，我们在小心地使用电子设备时，不能忽视损坏的充电器对锂离子电池会造成伤害。原装充电器是最好的选择。

10.6　延长锂离子电池寿命的方法

① 使用锂离子电池要遵守的基本原则是浅充浅放，也就是要及时充电，不要等到电池快没电时才给电池充电，不要撞击锂离子电池等。

② 由于锂离子电池对环境中的温度比较敏感，所以我们要多留意使用锂离子电池时环境的温度变化。根据研究，温度越高越容易减少电池的寿命，很有可能发生爆炸，造成生命危险。

③ 锂离子电池的存放条件最关键的是温度和湿度，不能有太阳的直射，高温容易导致锂离子电池鼓包，所以一般锂离子电池存放于避光的金属盒或者塑料盒里。

④ 锂离子电池长期不使用，需要隔一段时间给它充一下电，不需要完全充满，充到 80％左右就可以，一般是一两个月的时间充一次电，最长不能超过六个月时间。综合所述，在使用锂离子电池的时候我们都不应该坚持旧观念，多注意以上问题，不仅能保护好电池，还可以尽量防止不必要的伤害。